Photoshop 平面设计项目化教程

主　编　马　蓉　张钰梅
副主编　陈雯雯　李会芬　李　虎

北京理工大学出版社
BEIJING INSTITUTE OF TECHNOLOGY PRESS

内 容 简 介

本书匠心独运,划分为上、下两大精彩篇章,旨在构建一个既全面又系统的学习路径,以全面提升学生的专业技能与艺术创造力。上篇为筑基技能篇。此篇聚焦于 Photoshop 基础技能的深耕细作,其核心涵盖路径工具的精妙运用、图像调整技术的深度剖析、文字编排的艺术展现、图层管理的策略与技巧,以及通道与滤镜的无限创意探索。每一环节均辅以详尽讲解,确保学生扎实掌握 Photoshop 的基础技能,为后续进阶奠定坚实基础。下篇为实战案例篇。作为技能的实战演练场,下篇精心设计实战案例,涵盖卡券设计的新颖实践、数码照片模板的个性化定制、宣传单与海报的创意呈现、平面广告的商业魅力展现、网页设计的视觉盛宴。通过这一系列的实战演练,学生不仅能在解决实际问题的过程中显著提升技能,更能在不断的挑战与反思中激发艺术创意思维,实现从知识积累到技能飞跃,再到创新创造的华丽转身。

本书结构合理,图文并茂,内容细致全面,重点突出,通俗易懂,资源丰富,操作性强,兼具实用性和艺术性,既便于教师课堂讲授,又便于读者自学。

版权专有 侵权必究

图书在版编目(CIP)数据

Photoshop 平面设计项目化教程 / 马蓉,张钰梅主编. -- 北京:北京理工大学出版社,2024.9(2024.10 重印)
ISBN 978 - 7 - 5763 - 3590 - 3

Ⅰ. ①P… Ⅱ. ①马… ②张… Ⅲ. ①平面设计 - 图像处理软件 - 教材 Ⅳ. ①TP391.413

中国国家版本馆 CIP 数据核字(2024)第 045950 号

责任编辑:王玲玲	文案编辑:王玲玲	
责任校对:刘亚男	责任印制:施胜娟	

出版发行 / 北京理工大学出版社有限责任公司
社　　址 / 北京市丰台区四合庄路 6 号
邮　　编 / 100070
电　　话 / (010) 68914026(教材售后服务热线)
　　　　　(010) 63726648(课件资源服务热线)
网　　址 / http://www.bitpress.com.cn
版 印 次 / 2024 年 10 月第 1 版第 2 次印刷
印　　刷 / 北京广达印刷有限公司
开　　本 / 787 mm × 1092 mm　1/16
印　　张 / 15
字　　数 / 324 千字
定　　价 / 58.00 元

图书出现印装质量问题,请拨打售后服务热线,负责调换

前　言

　　Photoshop 是由 Adobe 公司开发的图形图像处理和编辑软件。它的功能强大、易学易用，深受图形图像处理爱好者和平面设计人员的喜爱，已经成为该领域最流行的软件之一。目前，我国很多高等职业院校的数字媒体艺术类专业都将 Photoshop 平面设计作为一门重要的专业课程。为了配合高等职业院校的教师全面、系统地讲授这门课程，使学生能够熟练地使用 Photoshop 进行创意设计，几位长期在高等职业院校从事 Photoshop 课程教学的教师和专业平面设计公司经验丰富的设计师合作编写了本书。

　　本书分为上、下两篇。上篇筑基技能篇按照"软件功能解析—课堂案例—课堂练习—拓展练习"思路进行编排。通过软件功能解析，学生能快速熟悉软件功能；通过课堂案例演练，学生能深入理解软件功能；通过课堂练习和拓展练习，提高学生实际应用能力。下篇实践案例篇包含了课堂案例和拓展练习，通过对这些实例进行全面分析和详细讲解，学生的实践应用能力得到提升，艺术创意思维更加开阔，真正实现由入门到掌握再到灵活应用。本书以 12 个项目为载体，按照专业课程素养总体部署要求融入素养元素，深入贯彻落实价值塑造、知识构建、技能训练、创新实践、素质养成"五位一体"的育人理念。

　　在本书编写过程中，校企双方编写人员深度合作，按照岗课赛证融通综合育人机制要求，立足于行业企业相关岗位需求和标准，以"1＋X 数字影像处理中级操作员"职业技能鉴定评价标准为依据，同时，与相关职业技能竞赛的内容要求和考核标准对接。根据职业能力发展规律分析与整合行业企业典型工作任务、技能等级和大赛题库，并转化为书中的资源素材，让每个项目的案例与实训任务变得生动鲜活且具备实践性和创新性。

　　本书结构合理，图文并茂，内容细致全面，重点突出，通俗易懂，资源丰富，操作性强，兼具实用性和艺术性，既便于教师课堂讲授，又便于读者自学。

　　本书参考学时为 66 学时，其中，讲授环节 31 学时，实践环节 35 学时。各项目的学时参考见下表。

项目		内容	课时分配	
			讲授	实训
上篇 筑基 技能篇	项目一	初识 Photoshop 软件	1	1
	项目二	基本工具的应用	2	2
	项目三	路径工具的应用	2	2
	项目四	图像调整的应用	4	4
	项目五	文字工具与图层工具的应用	2	4
	项目六	通道与滤镜的应用	2	2
下篇 实践 案例篇	项目七	卡券设计	2	2
	项目八	数码照片模板设计	2	2
	项目九	宣传单设计	2	4
	项目十	海报设计	4	4
	项目十一	平面广告设计	4	4
	项目十二	网页设计	4	4
		课时总计	66	

由于编者水平有限，书中难免存在疏漏之处，敬请广大读者批评指正。

平面设计教学团队组编写

目录

上篇　筑基技能篇

项目一　初识 Photoshop 软件 ⋯⋯⋯⋯⋯⋯⋯⋯⋯⋯⋯⋯⋯⋯⋯⋯⋯⋯⋯⋯⋯⋯ 3

 1.1　软件的基础知识 ⋯⋯⋯⋯⋯⋯⋯⋯⋯⋯⋯⋯⋯⋯⋯⋯⋯⋯⋯⋯⋯⋯⋯⋯⋯ 3

  1.1.1　图像的分类 ⋯⋯⋯⋯⋯⋯⋯⋯⋯⋯⋯⋯⋯⋯⋯⋯⋯⋯⋯⋯⋯⋯⋯⋯ 4

  1.1.2　图像的基本元素 ⋯⋯⋯⋯⋯⋯⋯⋯⋯⋯⋯⋯⋯⋯⋯⋯⋯⋯⋯⋯⋯⋯ 5

  1.1.3　图像的特性 ⋯⋯⋯⋯⋯⋯⋯⋯⋯⋯⋯⋯⋯⋯⋯⋯⋯⋯⋯⋯⋯⋯⋯⋯ 6

  1.1.4　常用文件格式 ⋯⋯⋯⋯⋯⋯⋯⋯⋯⋯⋯⋯⋯⋯⋯⋯⋯⋯⋯⋯⋯⋯⋯ 7

  1.1.5　图像的色彩模式 ⋯⋯⋯⋯⋯⋯⋯⋯⋯⋯⋯⋯⋯⋯⋯⋯⋯⋯⋯⋯⋯⋯ 9

 1.2　软件的基本操作 ⋯⋯⋯⋯⋯⋯⋯⋯⋯⋯⋯⋯⋯⋯⋯⋯⋯⋯⋯⋯⋯⋯⋯⋯⋯ 11

  1.2.1　软件的工作界面 ⋯⋯⋯⋯⋯⋯⋯⋯⋯⋯⋯⋯⋯⋯⋯⋯⋯⋯⋯⋯⋯⋯ 11

  1.2.2　新建和存储文件 ⋯⋯⋯⋯⋯⋯⋯⋯⋯⋯⋯⋯⋯⋯⋯⋯⋯⋯⋯⋯⋯⋯ 11

  1.2.3　打开和关闭文件 ⋯⋯⋯⋯⋯⋯⋯⋯⋯⋯⋯⋯⋯⋯⋯⋯⋯⋯⋯⋯⋯⋯ 14

  1.2.4　颜色设置 ⋯⋯⋯⋯⋯⋯⋯⋯⋯⋯⋯⋯⋯⋯⋯⋯⋯⋯⋯⋯⋯⋯⋯⋯⋯ 15

  1.2.5　图像显示效果 ⋯⋯⋯⋯⋯⋯⋯⋯⋯⋯⋯⋯⋯⋯⋯⋯⋯⋯⋯⋯⋯⋯⋯ 17

  1.2.6　标尺与参考线 ⋯⋯⋯⋯⋯⋯⋯⋯⋯⋯⋯⋯⋯⋯⋯⋯⋯⋯⋯⋯⋯⋯⋯ 18

 1.3　图层的基本操作 ⋯⋯⋯⋯⋯⋯⋯⋯⋯⋯⋯⋯⋯⋯⋯⋯⋯⋯⋯⋯⋯⋯⋯⋯⋯ 20

  1.3.1　"图层"与图层调板 ⋯⋯⋯⋯⋯⋯⋯⋯⋯⋯⋯⋯⋯⋯⋯⋯⋯⋯⋯⋯⋯ 20

  1.3.2　图层的基本操作 ⋯⋯⋯⋯⋯⋯⋯⋯⋯⋯⋯⋯⋯⋯⋯⋯⋯⋯⋯⋯⋯⋯ 21

 1.4　课堂案例1——更改保护野生动物海报图像模式 ⋯⋯⋯⋯⋯⋯⋯⋯⋯⋯⋯ 23

 1.5　课堂案例2——将立春插画图像改为双色调模式 ⋯⋯⋯⋯⋯⋯⋯⋯⋯⋯⋯ 23

 拓展练习　裁切壁画 ⋯⋯⋯⋯⋯⋯⋯⋯⋯⋯⋯⋯⋯⋯⋯⋯⋯⋯⋯⋯⋯⋯⋯⋯⋯ 24

项目二　基本工具的应用 26

2.1　图像选择工具 26
2.1.1　图像和画布尺寸的调整 26
2.1.2　查看图像 27
2.1.3　选框工具 28
2.1.4　魔棒工具 29
2.1.5　套索工具 30
2.1.6　选区的调整 32
2.1.7　裁剪工具和透视裁剪工具 33
2.1.8　选区中图像的变换 34
2.1.9　课堂案例——绘制禁止吸烟标志 35

2.2　图像编辑工具（修饰图像） 37
2.2.1　修复画笔工具和污点修复画笔工具 37
2.2.2　仿制图章工具 38
2.2.3　修补工具 39
2.2.4　红眼工具 40
2.2.5　模糊工具和锐化工具 40
2.2.6　减淡工具和加深工具 41
2.2.7　橡皮擦工具 43

2.3　图像编辑工具（修饰图像） 44
2.3.1　画笔的使用 44
2.3.2　铅笔的使用 45
2.3.3　渐变工具 45

2.4　课堂案例——合成二十四节气海报 46

拓展练习1　绘制图标 47

拓展练习2　制作冬至宣传海报 48

项目三　路径工具的应用 50

3.1　绘制路径 50

3.2　钢笔工具 51
3.2.1　钢笔工具 51
3.2.2　自由钢笔工具 51
3.2.3　绘制直线段 51

3.2.4　绘制曲线 ·· 52

3.3　编辑路径 ··· 52

　　3.3.1　添加锚点工具和删除锚点工具 ·· 52

　　3.3.2　转换节点工具 ·· 53

　　3.3.3　路径选择工具和直接选择工具 ·· 53

　　3.3.4　填充路径 ·· 54

　　3.3.5　描边路径 ·· 54

　　3.3.6　路径与选区的转换 ··· 55

3.4　形状与路径 ·· 55

　　3.4.1　认识形状工具 ·· 55

　　3.4.2　创建和编辑形状 ··· 56

3.5　课堂案例——绘制卡通人物 ··· 57

　　3.5.1　案例设计 ·· 57

　　3.5.2　案例制作 ·· 57

拓展练习1　绘制风景主题手机壁纸 ·· 62

拓展练习2　绘制卡通小动物 ·· 63

项目四　图像调整的应用 ··· 65

4.1　图像色调的调整 ·· 65

　　4.1.1　亮度/对比度 ·· 65

　　4.1.2　色阶 ··· 66

　　4.1.3　曲线 ··· 68

　　4.1.4　曝光度 ·· 69

　　4.1.5　课堂案例——制作滤镜照片 ·· 70

4.2　图像色彩的调整 ·· 70

　　4.2.1　色相/饱和度 ·· 70

　　4.2.2　色彩平衡 ·· 72

　　4.2.3　课堂案例——制作五彩的羊驼 ·· 73

　　4.2.4　去色 ··· 73

　　4.2.5　反相 ··· 74

　　4.2.6　阈值 ··· 74

　　4.2.7　课堂案例——制作小猫版画 ·· 75

4.3　数字影像处理技能考试 ··· 75

  4.3.1 数字影像处理技能证书中级考核要求 ··· 75

  4.3.2 数字影像处理技能证书中级客观题模拟训练 ································· 77

  4.3.3 主观题模拟训练1——合成图像 ··· 80

  4.3.4 主观题模拟训练2——数字影像修图 ··· 81

 拓展练习 制作化妆品宣传海报 ··· 85

项目五 文字工具与图层工具的应用 ··· 87

5.1 文字工具的应用 ·· 87

  5.1.1 点文字与段落文字 ··· 88

  5.1.2 设置字符与段落文字 ·· 88

  5.1.3 文字变形 ·· 89

  5.1.4 文字适配路径 ··· 90

5.2 课堂案例1——制作参观展会工作证 ··· 90

  5.2.1 案例设计 ·· 91

  5.2.2 案例制作 ·· 91

5.3 图层工具的应用 ·· 94

  5.3.1 图层混合模式 ··· 94

  5.3.2 使用图层样式 ··· 94

  5.3.3 图层蒙版的应用 ·· 96

5.4 课堂案例2——制作企业画册 ··· 98

  5.4.1 案例设计 ·· 98

  5.4.2 案例制作 ·· 98

 拓展练习1 制作光盘行动海报 ·· 101

 拓展练习2 制作"5·1"促销海报 ·· 101

项目六 通道与滤镜的应用 ·· 103

6.1 通道的应用 ··· 103

  6.1.1 通道的概念 ·· 103

  6.1.2 认识"通道"面板 ·· 104

  6.1.3 创建新通道 ·· 104

  6.1.4 复制通道 ··· 105

  6.1.5 删除通道 ··· 105

6.2 课堂案例1——飞舞的发丝 ··· 106

6.3 滤镜库的功能 ·· 108

6.4 滤镜应用 ··· 109
    6.4.1 杂色滤镜 ··· 109
    6.4.2 渲染滤镜 ··· 110
    6.4.3 像素化滤镜 ·· 110
    6.4.4 锐化滤镜 ··· 110
    6.4.5 扭曲滤镜 ··· 111
    6.4.6 模糊滤镜 ··· 111
    6.4.7 风格化滤镜 ·· 111

6.5 课堂案例2——制作水彩画 ·· 112

拓展练习1 制作科技感美女海报 ·· 115

拓展练习2 创建边框特效 ··· 116

下篇 实践案例篇

项目七 卡券设计 ·· 121

7.1 卡片设计概述 ·· 121
    7.1.1 卡片的作用 ·· 122
    7.1.2 卡片的分类 ·· 122
    7.1.3 卡片的设计原则 ··· 122

7.2 优惠券设计概述 ··· 123
    7.2.1 优惠券的作用 ·· 123
    7.2.2 优惠券的分类 ·· 123
    7.2.3 优惠券的设计原则 ··· 123

7.3 制作名片 ··· 124
    7.3.1 案例分析 ··· 124
    7.3.2 案例设计 ··· 124
    7.3.3 案例制作 ··· 124

7.4 制作宠物医院代金券 ··· 126
    7.4.1 案例分析 ··· 126
    7.4.2 案例设计 ··· 127
    7.4.3 案例制作 ··· 127

拓展练习1 制作英语培训班试听卡 ·· 133

拓展练习2 制作母亲节贺卡 ·· 134

项目八　数码照片模板设计 ……………………………………………………………… 137

8.1　数码照片模板设计概述 ……………………………………………………… 137

8.2　儿童照片模板设计 …………………………………………………………… 138

8.2.1　案例分析 ………………………………………………………………… 138
8.2.2　案例设计 ………………………………………………………………… 138
8.2.3　案例制作 ………………………………………………………………… 139

8.3　古装写真模板设计 …………………………………………………………… 143

8.3.1　案例分析 ………………………………………………………………… 143
8.3.2　案例设计 ………………………………………………………………… 143
8.3.3　案例制作 ………………………………………………………………… 144

8.4　课堂案例——制作证件照 …………………………………………………… 148

拓展练习 1　婚纱写真模板设计 …………………………………………………… 151

拓展练习 2　儿童写真模板设计 …………………………………………………… 152

项目九　宣传单设计 …………………………………………………………………… 154

9.1　宣传单设计概述 ……………………………………………………………… 154

9.1.1　宣传单的作用 …………………………………………………………… 155
9.1.2　宣传单的分类 …………………………………………………………… 155
9.1.3　宣传单的设计思路 ……………………………………………………… 155

9.2　制作美食宣传单 ……………………………………………………………… 155

9.2.1　案例分析 ………………………………………………………………… 155
9.2.2　案例设计 ………………………………………………………………… 156
9.2.3　案例制作 ………………………………………………………………… 156

9.3　制作旅游推介宣传单 ………………………………………………………… 162

9.3.1　案例分析 ………………………………………………………………… 162
9.3.2　案例设计 ………………………………………………………………… 163
9.3.3　案例制作 ………………………………………………………………… 163

9.4　制作公益类 | 垃圾分类三折页宣传单 ………………………………………… 166

9.4.1　案例分析 ………………………………………………………………… 166
9.4.2　案例设计 ………………………………………………………………… 166
9.4.3　案例制作 ………………………………………………………………… 167

拓展练习　制作公益类 | 垃圾分类宣传三折页反面 ………………………………… 171

项目十　海报设计 · · · · · · 174

10.1　海报设计概述 · · · · · · 174

10.1.1　海报的作用 · · · · · · 175
10.1.2　海报的分类 · · · · · · 175
10.1.3　海报的设计思路 · · · · · · 175

10.2　制作美食海报 · · · · · · 176

10.2.1　案例分析 · · · · · · 176
10.2.2　案例设计 · · · · · · 176
10.2.3　案例制作 · · · · · · 176

10.3　制作公益海报 · · · · · · 181

10.3.1　案例分析 · · · · · · 181
10.3.2　案例设计 · · · · · · 181
10.3.3　案例制作 · · · · · · 181

拓展练习1　制作书法培训班海报 · · · · · · 185
拓展练习2　制作护肤品海报 · · · · · · 186

项目十一　平面广告设计 · · · · · · 188

11.1　平面广告设计概述 · · · · · · 188

11.1.1　平面广告的特点 · · · · · · 189
11.1.2　平面广告的分类 · · · · · · 189
11.1.3　广告的应用领域 · · · · · · 190
11.1.4　平面广告的设计思路 · · · · · · 190

11.2　制作招聘广告 · · · · · · 191

11.2.1　案例分析 · · · · · · 191
11.2.2　案例设计 · · · · · · 191
11.2.3　案例制作 · · · · · · 192

11.3　制作粮食宣传广告 · · · · · · 196

11.3.1　案例分析 · · · · · · 196
11.3.2　案例设计 · · · · · · 196
11.3.3　案例制作 · · · · · · 197

拓展练习1　制作二十四节气——立春广告 · · · · · · 200
拓展练习2　制作音像店耳机宣传广告 · · · · · · 201

项目十二　网页设计 203

12.1　网页设计概述 203
12.1.1　网页的作用 204
12.1.2　网页的分类 204
12.1.3　网页设计的原则 205
12.1.4　网页设计的步骤 205

12.2　制作手机 App 登录界面 206
12.2.1　案例分析 206
12.2.2　案例设计 206
12.2.3　案例制作 206

12.3　制作化妆品网页 Banner 209
12.3.1　案例分析 209
12.3.2　案例设计 209
12.3.3　案例制作 210

拓展练习 1　制作草莓干促销网页 213

拓展练习 2　制作枸杞详情页 214

附录一　Photoshop 工具栏的使用 216

附录二　Photoshop 快捷键大全 219

附录三　图层样式是"活"的 222

参考文献 225

上篇

筑基技能篇

项目一

初识Photoshop软件

本项目主要介绍图像处理的基础知识、Photoshop 的工作界面、文件的基本操作、图层的基本操作等内容。通过对本项目的学习，读者可以快速掌握 Photoshop 的基础知识，有助于更快、更准确地处理图像。

知识目标

- 了解软件的基础知识。
- 熟悉各个工具面板的功能以及如何使用"帮助"功能。
- 熟悉文件操作的方法和技巧以及图层的基本操作。

能力目标

- 熟练掌握图像文件的新建、打开、保存和关闭方法。
- 掌握图像显示效果的操作方法。
- 掌握标尺、参考线和网格的应用方法。
- 熟练掌握图像和画布尺寸的调整技巧
- 掌握图层的基本操作

素质目标

- 养成工具类课程的学习习惯。
- 具有尊重生命、关爱自然、弘扬中国传统文化的意识。
- 树立精益求精的职业素养。

1.1 软件的基础知识

本项目将为读者介绍图像的基本知识，包括图像的定义和分类、图像的基本元素及图像的特性。掌握这些基本知识对于理解和运用 Photoshop 软件非常重要。

Adobe Photoshop，简称 PS，是一款由 Adobe Systems 开发和发行的专业图像处理软件。它主要应用于处理以像素构成的数字图像，具有众多的编修和绘图工具，能有效地进行图片编辑工作。Photoshop 在图像、图形、文字、视频、出版等各方面都有涉及，被誉为图像处理领域的黄金标准。

Photoshop 的主要功能包括：①图像编辑：对图像进行各种变换，如放大、缩小、旋转、倾斜、镜像、透视等；去除斑点、修补、修饰图像的残损等。②图像合成：将多张图片合并成一张，实现图像的创意组合。③校色调色：调整图像的色彩平衡、亮度、对比度等，优化图像质量。④功能色效制作：为图像添加各种特殊效果，如滤镜、纹理、光照等。

Photoshop 是一款功能强大、操作灵活的专业图像处理软件，广泛应用于摄影、设计、广告、网页制作等多个领域，是图像编辑和创作的首选工具。

1.1.1 图像的分类

根据图像的来源和处理方式，图像可以分为两大类：位图和矢量图。在绘图或处理图像的过程中，这两种类型的图像可以交叉使用。

1. 位图

位图也称为栅格图像，它是由像素构成的图像。每个像素可以指定一个特定的颜色值，从而形成图像。位图可以是灰度图像，每个像素只有一个灰度值；也可以是彩色图像，每个像素有多个颜色值。位图的文件格式常见的有 JPEG、PNG、BMP 等。位图与分辨率有关，如果以较大的倍数放大位图图像，或以过低的分辨率打印位图图像，位图图像就会出现锯齿状的边缘，并且会丢失细节。位图图像放大前后的效果如图 1-1 和图 1-2 所示。

图 1-1

图 1-2

2. 矢量图

矢量图由数学公式和几何图形构成，而不是像素。矢量图通过描述图形的几何属性和颜色信息来表示图像。由于矢量图使用数学公式表示，因此，可以随意缩放而不会导致图像质量的降低。矢量图的文件格式常见的有 AI、EPS 和 SVG 等。矢量图与分辨率无关，可以被缩放到任意大小而保持清晰度不变，也不会出现锯齿状的边缘。矢量图在任何分辨率下显示或打印，都不会损失细节。矢量图放大前后的效果如图 1-3 和图 1-4 所示。

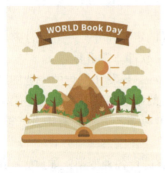
图 1-3

图 1-4

1.1.2 图像的基本元素

像素是图像的基本单位。图像由若干个像素组成,每个像素表示图像中的一个小点或最小单元。每个像素由一个或多个颜色值组成,颜色值决定了图像的颜色和亮度。

1. 像素

在 Photoshop 中,像素是图像的基本元素,它是一个矩形区域中的最小单位。像素的大小和数量决定了图像的分辨率。分辨率越高,图像的细节越清晰,但文件大小也会更大。如图 1-5 和图 1-6 所示。

图 1-5　　　　　　　　　　　　　　图 1-6

2. 颜色深度

颜色深度用于表示每个像素可以表示的颜色数量。通常以比特(Bit)为单位表示。较低的颜色深度(如 8 位)表示图像的颜色范围较小,而较高的颜色深度(如 24 位)表示图像的颜色范围较大,能够呈现更多的颜色细节。

3. 分辨率

图像分辨率指图像中存储的信息量,是每英寸图像内有多少个像素点,即像素每英寸,单位为 PPI(Pixels Per Inch),因此,放大图像便会增强图像的分辨率,图像分辨率大图像更大,更加清晰,例如:一张图片分辨率是 500 像素×200 像素,也就是说,这张图片在屏幕上按 1∶1 放大时,水平方向有 500 个像素点(色块),垂直方向有 200 个像素点(色块),分辨率越高,图像的细节越清晰,但文件大小也会越大。分辨率通常与输出设备有关,如屏幕分辨率、打印分辨率等。如图 1-7 所示。

高分辨率图像　　　放大后显示效果　　　低分辨率图像　　　放大后显示图像
　　　　　　(a)　　　　　　　　　　　　　　　　(b)

图 1-7

4. 图像大小

图像大小是指图像文件所占用的存储空间。通常以字节（Byte）为单位表示。图像的大小与分辨率及颜色深度有关，分辨率越高、颜色深度越大，图像大小也会越大。

5. 图像尺寸

在制作图像的过程中，可以根据需求改变图像的尺寸或分辨率。在改变图像尺寸之前，要考虑图像的像素是否会随之发生变化。如果图像的像素总量不变，提高分辨率将降低其尺寸，提高尺寸将降低其分辨率；如果允许图像的像素总量发生变化，则可以在提高尺寸的同时保持图像的分辨率不变，反之亦然。

1.1.3 图像的特性

图像具有一些特殊的属性，包括亮度、对比度、色彩饱和度等。这些特性可以通过 Photoshop 等图像处理软件进行调整和修改，以达到理想的效果。

1. 亮度

图像亮度通俗理解便是图像的明暗程度，数字图像 $f(x,y) = i(x,y)r(x,y)$，如果灰度值在（0，255）之间，则 f 值越接近 0，亮度越低，f 值越接近 255，亮度越高。通过调整图像的亮度，可以使图像看起来更明亮或更暗。如图 1-8 所示。

未增加亮度　　　　已增加亮度

图 1-8

2. 对比度

对比度指的是图像暗和亮的落差值，即图像最大灰度级和最小灰度级之间的差值，通过调整图像的对比度，可以提高图像的色彩鲜艳度，并使细节更突出。

3. 色彩饱和度

色彩饱和度指的是图像颜色种类的多少，调整饱和度可以修正过度曝光或者未充分曝光的图片，使图像看上去更加自然。通过调整图像的色彩饱和度，可以使图像的色彩更鲜艳或更柔和。

4. 锐化

图像锐化是补偿图像的轮廓，增强图像的边缘及灰度跳变的部分，使图像变得清晰，分为空间域处理和频域处理两类。图像锐化是为了突出图像边缘、轮廓，或某些线性目标要素的特征。这种滤波方法提高了图像边缘与周围图像之间的反差，因此也被称为边缘增强。

5. 模糊

模糊是通过降低图像中的高频细节来使图像更柔和。通过模糊处理，可以使图像的细节更加平滑，但也可能导致图像的清晰度下降。

1.1.4 常用文件格式

1. JPEG 格式

JPEG 是一种针对相片图像而广泛使用的一种有损压缩标准方法。这个名称代表 Joint Photographic Experts Group（联合图像专家小组）。JPEG 是一种有损压缩格式，能够将图像压缩在很小的存储空间。使用过高的压缩比例，将明显降低最终解压后的图像质量。因此，在做图时，一般在全部工作结束后，再将其存储为 JPEG 格式，适用于普通的图片浏览。JPEG 压缩技术去除冗余的图像数据，在获得极高的压缩率的同时能展现十分生动的图像，缺点为细节丢失，适用于普通图片浏览，不适合作为后期处理素材。如图 1－9 所示。

图 1－9

2. PNG 格式

便携式网络图形（Portable Network Graphics，PNG）是一种无损压缩的位图图形格式，支持索引、灰度、RGB 三种颜色方案以及 Alpha 通道等特性。PNG 的开发目标是改善并取代 GIF 作为适合网络传输的格式而不需要专利许可，所以被广泛应用于互联网及其他方面。PNG 使用无损数据压缩算法，PNG 文件非常适合在互联网上使用，它能够保留丰富的影像细节，比 JPEG 容量大。PNG 允许部分的效果（如阴影之类）半透明或完全透明，是理想的 logo 格式，但不足以用于专业印刷。

3. GIF 格式

GIF（Graphics Interchange Format）的原义是"图像互换格式"，是 CompuServe 公司在1987年开发的图像文件格式。GIF 文件的数据，是一种基于 LZW 算法的连续色调的无损压缩格式。其压缩率一般在50%左右，GIF 图像文件的数据是经过压缩的，而且采用了可变长度等压缩算法。由于采用了8位元压缩，最多只能处理256种颜色，故不宜应用于真彩色图片。

在"品质"选项的下拉列表中可以选择低、中、高、最佳4种图像压缩品质。以高品质保存的图像比其他品质的图像占用更大的磁盘空间；而选择低品质保存的图像会损失较多的数据，但其占用的磁盘空间较小。

4. TIFF（TIF）格式

TIFF 格式是一种标签图像文件格式，是一种主要用来存储包括照片和艺术图在内的图像文件格式，如图1-10所示。TIFF 支持多种编码方法，其中包括 RGB 无压缩、RLE 压缩以及 JPEG 压缩等。这是最常用的工业标准格式，有一些印刷商会要求摄影师提供原尺寸的 TIFF 格式。TIFF 格式是个未压缩的文件，具有扩展性、方便性、可改性。采用无损压缩，支持多种色彩图像模式，图像质量高。

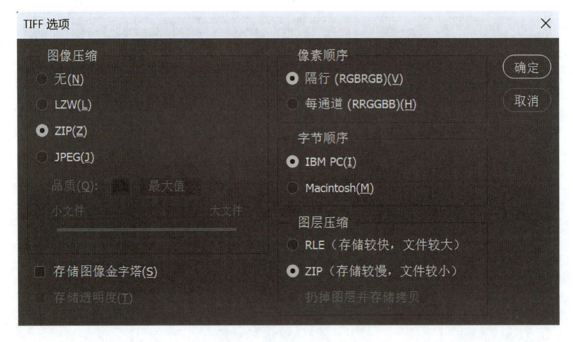

图 1-10

5. PSD 格式和 PDD 格式

PSD 格式和 PDD 格式是 Photoshop 图像处理软件的专用文件格式，是 PS 软件的默认保存格式，可以支持图层、通道、蒙版和不同色彩模式的各种图像特征，是一种非压缩的原始文件保存格式。PSD 文件有时容量会很大，是因为保留了所有原始信息。在图像处理中，对于尚未制作完成的图像，选用 PSD 格式保存是最佳的选择。

6. AI 格式

AI 文件是由 Adobe 系统开发的一种专有的 Adobe Illustrator（AI）矢量图像格式。AI 文件体积小且易于扩展。矢量文件建立在一个无限扩展和复杂的类似图形的公式上，因此，它们在缩放时不会失去分辨率。它们还允许分层和透明。文件扩展名为 .ai。AI 文件主要由印刷媒体和数字图形中的设计师及插图画家使用。AI 文件仅与 Adobe Illustrator 或其他专业编辑软件兼容，尽管功能较少。

7. EPS 格式

EPS 文件是一种矢量图像，用于在 Adobe Illustrator 或第三方插画师（如 CorelDraw）中存储插图。EPS 文件支持无损缩放，因为基于文本的文档使用代码勾勒出形状和线条。文件扩展名为 .eps、.epsf 和 .epsi。

8. PDF 格式

PDF 为便携式文档格式，是 Portable Document Format 的简称，是由 Adobe Systems 用于与应用程序、操作系统、硬件无关的方式进行文件交换所发展出的文件格式。PDF 文件以 PostScript 语言图像模型为基础，无论在哪种打印机上都可保证精确的颜色和准确的打印效果，即 PDF 会忠实地再现原稿的每一个字符、颜色以及图像。

1.1.5 图像的色彩模式

Photoshop 2022 提供了多种色彩模式，这些色彩模式正是作品能够在屏幕和印刷品上成功表现的重要保障。图像的色彩模式有 CMYK 模式、RGB 模式、HSB 模式、Lab 模式、位图模式、灰度模式、索引颜色模式、双色调模式和多通道模式。

1. CMYK 模式

CMYK 颜色模式代表印刷上用的 4 种油墨色，即青色（C）、品红色（M）、黄色（Y）和黑色（K），如图 1-11 所示。在实际运用中，C、M、Y、K 很难形成真正的黑色，因此，黑色（K）用于强化暗部的色彩。也正是由于油墨的纯度问题，CMYK 并不能够复制出用 RGB 色光创建出来的所有颜色。

2. RGB 模式

RGB 色彩模式基于光学原理，这种模式用红（R）、绿（G）、蓝（B）三色光按照不同的比例和强度混合表示，如图 1-12 所示。因为 RGB 色彩模式采用 RGB 模型为图像中每一个像素的 RGB 分量分配一个 0~255 范围内的强度值，所以这 3 种颜色每一种都有 256 个亮度水平级，3 种色彩相互叠加就能形成 1 670 多万种颜色，便构成了这个绚丽的多彩世界。同时，RGB 模式也是视频色彩模式，如网络、视频播放和电子媒体展示都是用 RGB 模式。

3. HSB 模式

HSB 模式是一种从视觉的角度定义的颜色模式，H 表示色相，S 表示饱和度，B 表示亮度。色相指颜色的纯度，是一个 360°的循环；饱和度是指颜色的强度或鲜艳度；亮度是指颜色的明暗程度。饱和度和亮度是以 0~100 为单位的刻度。HSB 数值中，SB 数值越高，视觉刺激度越强烈。

图 1-11 　　　　　　　图 1-12

4. Lab 模式

Lab 模式是一种描述颜色的科学方法。它将颜色分成 3 种成分：L、a 和 b。L 表示亮度，它描述颜色的明暗程度；a 表示从深绿（低亮度值）到灰色（中亮度值）再到亮粉红色（高亮度值）的颜色范围；b 表示从亮蓝色（低亮度值）到灰色到焦黄色（高亮度值）的颜色范围。Lab 颜色是 Photoshop 在进行不同颜色模式转换时内部所使用的一种颜色模式，例如，从 RGB 转换到 CMYK，它可以保证在进行色彩模式转换时，CMYK 范围内的色彩没有损失。

5. 位图模式

位图模式只用黑、白两种颜色来表示图像中的像素，因为颜色信息少，所以这一模式下的图像尺寸小，便于处理和操作。其他模式不能直接转换成位图模式，转到位图模式之前，必须先转换为灰度模式或双色调模式。

6. 灰度模式

灰度是一种黑白的色彩模式，从 0 到 255 有 256 种不同等级的明度变化。灰度通常用百分比表示，范围为 0～100%，灰度最高的黑即 100%，就是纯黑；灰度最低的黑即 0，就是纯白。所谓灰度色，是指纯白、纯黑以及两者中的一系列从黑到白的过渡色，它不包含任何色相。如图 1-13 所示。

图 1-13

 提示

　　将色彩模式转换为双色调模式或位图模式时，必须先将色彩模式转换为灰度模式，然后由灰度模式转换为双色调模式或位图模式。

1.2 软件的基本操作

1.2.1 软件的工作界面

使用工作界面是学习 Photoshop 2022 的基础。熟练掌握工作界面的内容，有助于广大初学者灵活运用 Photoshop 2022。

Photoshop 2022 的工作界面主要由菜单栏、属性栏、工具栏、控制面板和状态栏组成，如图 1-14 所示。

图 1-14

菜单栏：菜单栏中共包含 11 个菜单。利用菜单命令可以完成图像编辑、调整色彩、添加滤镜等操作。

属性栏：属性栏是工具箱中各个工具的功能扩展区。在属性栏中设置不同的选项，可以快速地完成多样化的操作。

工具栏：工具栏中包含了多个工具。利用不同的工具可以完成图像绘制、观察、测量等操作。

控制面板：控制面板是 Photoshop 2022 工作界面的重要组成部分。通过不同的控制面板，可以完成对图像填充颜色、设置图层、添加样式等操作。

状态栏：可以显示当前文件的显示比例、文档大小、当前工具、暂存盘大小等信息。

1.2.2 新建和存储文件

新建文件是使用 Photoshop 2022 进行设计的第一步。如果要在一个空白的图像上绘图，就要在 Photoshop 中新建一个文件。编辑和制作完图像后，需要将图像进行保存，便于下次打开继续操作。

1. 新建文件

打开 PS 软件，单击菜单栏"文件"→"新建"（快捷键 Ctrl + N），会弹出"新建"窗口。在这里可以设置一些文档的参数，也可以选择软件预设的一些文档参数，这些参数可以自己输入，也可以将前面的参数字体进行拖曳修改。预设中的剪切板，可以使用截屏、网页图片复制等，但是在文件夹中复制的文件不能使用这里的剪切板，如图 1 – 15 所示。

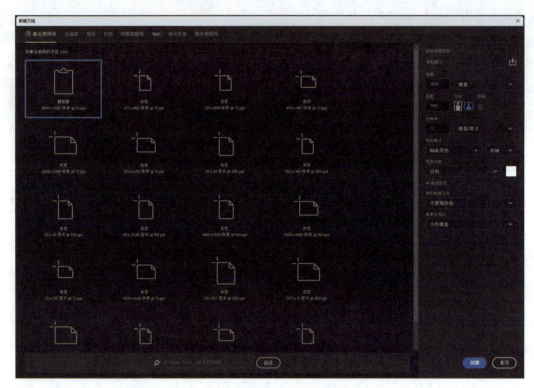

图 1 – 15

2. 分辨率

像素是计算数码影像的一种单位，一个像素就是最小的图像的单元，在屏幕上显示的通常就是单个的染色点，PS 主要就是针对像素图形进行编辑和创造。在计算机的图形世界里，还有一种图形，即矢量图，它是面对对象的图像或绘制图像，在数学上定义为一系列由线连接的点。分辨率的单位是像素/英寸，简称 ppi（pixel per inch），也就是在现实中的纸张上的 1 英寸包含多少个像素。分辨率的数值越大，图像的细节就越多，图像也就越清楚。常用的分辨率设置：洗印照片 300 像素或以上；杂志、名片等印刷物 300 像素；海报高清写真 96 ~ 200 像素；网络图片、网页界面 72 像素；大型喷绘 25 ~ 50 像素。

 提示

> 每英寸像素数越大，图像文件越大。应根据工作需要，设置合适的分辨率。

3. 存储文件

选择"文件"→"存储"命令，或按 Ctrl + S 组合键，可以存储文件。当对设计好的图像进行第一次存储时，选择"文件"→"存储"命令，或按 Ctrl + S 组合键，可以存储文件。当对设计好的图像进行第一次存储时，选择"文件"→"存储"命令，弹出"存储为"对话框，如图 1 – 16 所示。在"文件名"文本框中输入文件名，在"格式"下拉列表中选择文件格式后单击"保存"按钮，即可存储图像。

图 1 – 16

对已存储过的图像文件进行各种编辑操作后，选择"文件"→"存储"命令，将不再弹出"存储为"对话框，计算机直接保存最新的编辑结果，并覆盖原来的文件。

如果既要保留修改过的文件，又不想放弃原文件，可以使用"存储为"命令。选择"文件"→"存储为"命令，或按 Shift + Ctrl + S 组合键，弹出"存储为"对话框，在对话框中可以为更改过的文件重新命名、选择路径、设定格式等，最后进行存储。

作为副本：可将处理的文件存储成该文件的副本。

Alpha 通道：可存储带有 Alpha 通道的文件。

图层：可同时存储图层和文件。

注释：可存储带有注释的文件。

专色：可存储带有专色通道的文件。

使用小写扩展名：使用小写的扩展名存储文件，该复选框未被勾选时，将使用大写的扩展名存储文件。

1.2.3 打开和关闭文件

如果要对图像进行修改和处理，就要在 Photoshop 2022 中打开相应的文件。

1. 打开文件

选择"文件"→"打开"命令，或按 Ctrl + O 组合键，弹出"打开"对话框，在对话框中搜索文件，确认文件的类型和名称，如图 1-17 所示。然后单击"打开"按钮，或直接双击文件，打开选中的文件，如图 1-18 所示。

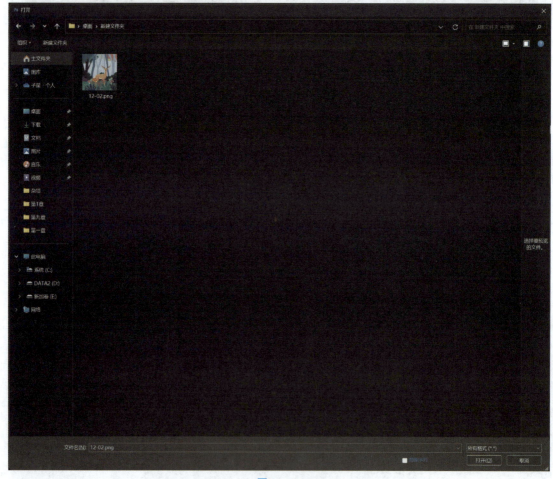

图 1-17

若要同时打开多个文件，只要在文件列表中将所需的几个文件同时选中，然后单击"打开"按钮，即可按先后次序逐个打开这几个文件。

项目一　初识 Photoshop 软件

图 1-18

按住 Ctrl 键的同时单击，可以选中不连续的几个文件；按住 Shift 键的同时单击，可以选中连续的几个文件。

2. 关闭文件

"关闭"命令只在当前有文件被打开时才呈现为可用状态。将图像进行存储后，可以将其关闭。

选择"文件"→"关闭"命令，或按 Ctrl + W 组合键，可以关闭文件。关闭文件时，若当前文件被修改过或是新建的文件，则会弹出提示框，如图 1-19 所示，单击"是"按钮即可存储并关闭文件。

图 1-19

如果要将打开的文件全部关闭，可以选择"文件"→"关闭全部"命令，或按 Alt + Ctrl + W 组合键。

1.2.4　颜色设置

1. 设置前景色和背景色

打开颜色面板：执行"窗口"→"颜色"菜单命令，即可打开"颜色"面板。PS 颜色面板的快捷键：F6，按下 F6 键也即可调出颜色面板，再按一下即可隐藏。使用颜色面板设置前景色或背景色，单击"颜色面板"上的"前景色"按钮；如果要设置背景色，则需要单击"背景色"按钮。如果要通过颜色滑块来设置颜色，可以分别拖曳 R、G、B 这 3 个颜色滑块；如果要设置非常精确的颜色，直接在 R、G、B 后面的输入框中输入相应的数值即可。如果要通过 RGB 色谱来设置颜色，可以将光标移动到色谱上，此时鼠标光标变成"吸管"形状，单击即可拾取色谱上的颜色；如果按住 Alt 键来拾取颜色，此时拾取的颜色将作为背景色，用法与吸管工具的基本相同。

2. "拾色器"对话框

在"拾色器"对话框左侧的颜色选择区中，可以选择颜色的明度和饱和度，垂直方向表示的是明度的变化，水平方向表示的是饱和度的变化。如图 1-20 所示。

图 1-20

拾色器中，H、S、B 三个选项的区别如下：

在 HSB 模式下，三个选项中都能选择色相、饱和、亮度属性。

H 项特点：中间滑块是选择色相，左边方框是选择饱和度与亮度；

S 项特点：中间滑块是选择饱和度，左边方框是选择色相与亮度；

B 项特点：中间滑块是选择亮度，左边方框是选择色相与饱和度。

3. "色板"控制面板

在色板中，默认给了很多的颜色色块，当在任意一个色块上单击的时候，就可以选中颜色作为前景色，在面板的空白处单击，会弹出一个色板名称对话框，此时只要把新建的前景色命名，再单击"确定"按钮，它就会添加到色板当中。单击色板面板右上角的菜单小图标，可以看到色板显示方式，可以分为小型缩览图、小缩览图、大缩览图、小列表和大列表。其中，大缩览图会使色板的小色块变成大色块，如果是列表，它就会列出这个颜色的色相以及它的名称。如图 1-21 和图 1-22 所示。

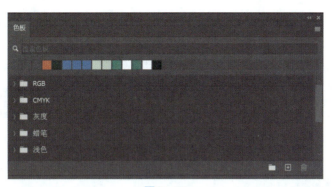

图 1 - 21

图 1 - 22

1.2.5 图像显示效果

1. 缩放工具

在工具栏下面有一个放大镜的图标，这就是缩放工具。选择缩放工具，单击画面对画面进行放大（快捷键 Ctrl + +）；在选项栏可以选择缩小模式，单击画面对画面进行缩小（快捷键 Ctrl + -）；或者按住 Alt 键不放，可以切换放大和缩小模式，也可以右击，选择"放大"或"缩小"。勾选"细微缩放"，可以左右移动鼠标对画面进行放大或缩小；取消勾选，选择放大工具拖动鼠标会出现一个选区，会将这个选区放大到充满屏幕。如图像以 100% 的比例显示在屏幕上，在图像上单击一次，图像则以 200% 的比例显示。当要放大一个指定的区域时，选择放大工具，将鼠标指针移至需要放大的区域，按住鼠标左键拖动，松开鼠标后，选中的区域会放大甚至填满图像窗口。取消勾选"细微缩放"复选框，可在图像上框选出矩形选区，如图 1 - 23 所示。将选中的区域放大的效果如图 1 - 24 所示。

图 1 - 23

图 1 - 24

也可在缩放工具属性栏中单击"缩小"按钮，使鼠标指针变为缩小图标，每单击一次图像，图像将缩小一级显示。双击抓手工具是适合屏幕（快捷键 Ctrl + 0），双击缩放工具是实际像素（快捷键 Ctrl + Shift + 0）。

2. 抓手工具

选择"抓手工具"，在图像窗口中，鼠标指针变为，在放大的图像中通过拖曳可以观察图像的每个部分，可以按住空格键（但是要在放大图像之后用，才可以看出效果），直接拖曳图像周围的垂直和水平滚动条，也可观察图像的每个部分，如图 1-25 所示。

图 1-25

> 提示
>
> 如果正在使用其他工具，按住 Space 键可以快速切换到抓手工具。

3. 缩放命令

选择"视图"→"放大"命令，可放大显示当前图像。

选择"视图"→"缩小"命令，可缩小显示当前图像。

选择"视图"→"按屏幕大小缩放"命令，可满屏显示当前图像。

选择"视图"→"打印尺寸"命令，会以实际的打印尺寸显示当前图像。

1.2.6 标尺与参考线

标尺与参考线的设置可以使图像处理更加精确。实际设计任务中，有许多问题需要使用标尺和参考线来解决。

1. 标尺

通过设置标尺可以精确地编辑和处理图像。选择"视图"→"标尺"可以隐藏标尺（快捷键：Ctrl + R）；移动鼠标，标尺可以显示鼠标的精准位置。如图 1-26 和图 1-27 所示。默认标尺单位为厘米，通过"单位与标尺"命令，可以更改标尺和文字的单位。

图 1-26

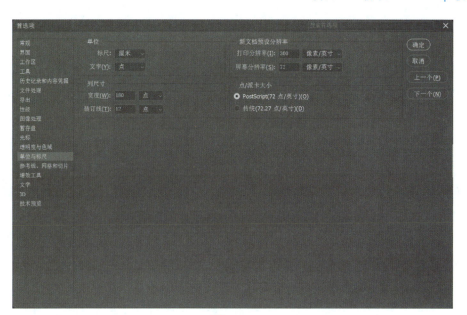

图 1-27

 提示

按 Ctrl+R 组合键，也可以将标尺显示或隐藏。按住 Alt 键，可以从水平标尺中拖曳出垂直参考线，还可以从垂直标尺中拖曳出水平参考线。

2. 参考线

参考线可以帮助人们更加方便快捷地完成选择、定位、编辑图像的操作，设置参考线可以使编辑图像的位置更精确。将鼠标指针放在水平标尺上，向下拖曳出水平的参考线，标尺的原点默认位于图片左上角，鼠标从标尺原点位置拖曳，画面中会出现一条十字线，此时鼠标拖曳到目标位置便可修改目标位置为原点，来辅助作图（定位原点时，按住 Shift 键可以使标尺原点与刻度线对齐）。选择"移动工具"，将鼠标指针放在垂直参考线上，通过拖曳可以移动垂直参考线。可以单击"视图"→"新建参考线"命令，添加水平或垂直参考线，如图 1-28 和图 1-29 所示。

图 1-28

图 1-29

选择"视图"→"锁定参考线"命令或按 Alt + Ctrl + ; 组合键,可以将参考线锁定,参考线锁定后将不能移动。选择"视图"→"清除参考线"命令,可以将参考线清除。选择"视图"→"新建参考线"命令,弹出"新建参考线"对话框,设置后,单击"确定"按钮,图像中将出现新建的参考线。

 提示

在实际制作过程中,要精确地利用标尺和参考线,在设置时,可以参考"信息"控制面板中的数值。

1.3 图层的基本操作

1.3.1 "图层"与图层调板

1. 图层的概念

用 Photoshop 制作的作品通常由多个图层合成,Photoshop 可以将图像的各个部分置于不同的图层中,并将这些图层叠放在一起形成完整的图像效果,用户可以独立地对各个图层中的图像内容进行编辑修改、效果处理等操作,同时不影响其他图层。

图层不透明度:用于设置当前图层的填充不透明度。调整填充不透明度,图层样式不会受到影响。

当新建一个图像文件时,系统会自动在新建的图像窗口中生成一个图层,即背景图层,这时用户就可以通过绘图工具在图层上进行绘图。

2. 图层调板

在 Photoshop 中,对图层的操作可通过"图层"面板和"图层"菜单来实现。选择"窗口"→"图层"命令,打开"图层"面板,如图 1-30 所示。

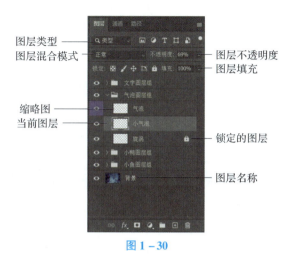

图 1-30

1.3.2 图层的基本操作

1. 新建图层

在 Photoshop 中,新建图层常用的方法有如下三种。

(1) 菜单选择法:单击菜单栏中的 "图层"→"新建"→"图层"。

(2) 快捷键法:使用快捷键 Shift + Ctrl + N。

(3) 图标单击法:在图层控制窗口中的右下角,找到新建的图标,鼠标单击即可。

2. 复制图层

(1) 在 "图层" 面板中复制:在 "图层" 面板中选择需要复制的图层,按住鼠标左键不放将其拖曳到 "图层" 面板底部的 "创建新图层" 按钮上,释放鼠标,即可在该图层上复制一个图层副本。

(2) 通过菜单命令复制:选择需要复制的图层,选择 "图层"→"复制图层" 命令,打开 "复制图层" 对话框,在文本框中输入图层名称并设置选项,单击 "确定" 按钮即可复制图层。

(3) 通过右键命令复制:选择需要复制的图层,右击,选择 "复制图层" 命令,打开 "复制图层" 对话框。在文本框中输入图层名称并设置选项,单击 "确定" 按钮即可复制图层,如图 1-31 和图 1-32 所示。

图 1-31

图 1-32

3. 删除图层

（1）通过菜单命令删除：在"图层"面板中选择要删除的图层，选择"图层"→"删除"→"图层"命令。

（2）通过"图层"面板删除：在"图层"面板中选择要删除的图层，单击"图层"面板底部的"删除图层"按钮。

4. 移动和命名图层

移动图层时，使用鼠标左键拖动图层，从而移动其位置。或是选择需要拖动的图层，在菜单栏中单击"图层"→"排列"→"后移一层"，或是按住 Shift + Ctrl +] 组合键，为置于顶层，按 Shift + Ctrl + [组合键，为置于底层。

命名图层常用的方法有两种：

（1）在"图层"窗口中，双击要修改名称的图层。

（2）在新建图层后，在菜单栏中，选择"图层"→"重命名图层"。

5. 合并图层

合并图层是将两个或两个以上的图层合并到一个图层上。较复杂的图像处理完成后，一般都会产生大量的图层，从而使图像变大，使计算机处理速度变慢。可根据需要对图层进行合并，以减少图层的数量。合并图层的操作方法主要有以下 3 种。

（1）合并图层：在"图层"面板中选择两个或两个以上需要合并的图层，选择"图层"→"合并图层"命令或按 Ctrl + E 组合键。如图 1-33 和图 1-34 所示。

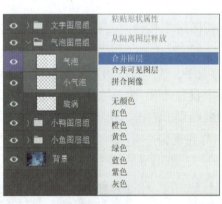

图 1-33

图 1-34

（2）合并可见图层：选择"图层"→"合并可见图层"命令，或按 Ctrl + Shift + E 组合键。该操作不合并隐藏图层。

（3）拼合图层：在"图层"面板中选择两个或两个以上需要拼合的图层，选择"图层"→"拼合图层"命令。

6. 图层组操作

可以通过给图层进行编组，对组内的图层进行统一的编辑。同时，合理运用组的概念，在图层十分多的时候对其进行分类整理，可以大幅度提升工作效率。

（1）单击"图层"面板中的"创建新组"按钮，可以创建一个空的图层组。单击"新建"按钮，所创建的图层将位于该组上。

（2）如果想要在创建图层组时设置组的名称、颜色、混合模式、不透明度等属性，可以执行"图层"→"新建"→"组"命令，在打开的"新建组"对话框中进行设置。

（3）如果要将多个图层创建在一个图层组内，可以选择这些图层后，执行"图层"→"图层编组"命令，或按 Ctrl + G 组合键。

1.4　课堂案例1——更改保护野生动物海报图像模式

案例学习目标

学习使用灰度模式更改保护野生动物海报图像模式。

案例知识要点

按 Ctrl + O 组合键，打开"云盘\Ch01\素材\1.4 素材\更改保护野生动物海报图像模式.jpg"文件，如图 1-35 所示。单击"图像"菜单，选择"模式"→"灰度"命令，完成操作。效果如图 1-36 所示。

图 1-35　　　　　　　　　　　　　　图 1-36

1.5　课堂案例2——将立春插画图像改为双色调模式

案例学习目标

学习使用双色调模式更改立春插画图像模式为浅蓝与深蓝色调。

案例知识要点

按 Ctrl + O 组合键，打开"云盘\Ch01\素材\1.5 素材\将立春插画图像改为双色调模式.jpg"文件,如图1-37所示。单击"图像"菜单,选择"模式"→"灰度"命令,再选择"模式"→"双色调",为其添加颜色1为浅蓝色(其R、G、B的值分别为83、204、255),继续添加颜色2为深蓝,颜色的R、G、B的值分别为0、0、169,完成操作。效果如图1-38所示。

图1-37　　　　　　　　　　　图1-38

拓展练习　裁切壁画

练习知识要点

使用"裁切工具"进行拓展练习,效果如图1-39所示。

图1-39

效果所在位置

云盘\Ch01\效果\拓展练习\裁切壁画.jpg。

项目评价

根据下表评分要求和评价准则,结合学习过程中的表现开展自我评价、系统评价、小组评价、组长评价、教师评价和企业评价等,并计算出最后得分。

项目一 初识 Photoshop 软件

评价项	评分要求	评价准则	分值	自我评价	系统评价	小组评价	组长评价	教师评价	企业评价	得分
基本素养	学习态度	上课出勤	缺勤全扣，迟到早退扣1分	4					√		
		回答问题	根据回答问题情况统计得分	3					√		
	学习能力	高效学习力	学习效率高，不拖拉	2			√				
		学习调整力	根据自身学习情况调整学习进度	2			√				
知识与技能	知识要求	知识学习	在线课程学习情况	5		√					
		知识训练	在线测试分值	5		√					
	技能要求	技能学习	完成技能思维导图	5					√		
		技能训练	快速、准确完成课内训练	5					√		
岗位素养	任务完成	按时提交	在时间点内提交	5	√						
		内容完成	根据完成情况赋分	15			√				
		作品效果	根据作品创新性、创意性、科学性赋分	20			√			√	
	身心素养	劳动层面	按工作流程完成作品	5	√						
		心理层面	调整心理状态，进行情绪管理，完成作品	5	√						
职业素养	思想素养	总结作品思想主旨	能总结出本项目的思想主旨	2			√				
		扩展作品思想主旨	能结合作品说出新的设计思路与主旨	2			√				
	道德素养	协作与沟通	根据协作情况与沟通顺畅度赋分	5				√			
		传播正能量	作品融入正能量，积极健康、乐观向上	10					√		
合计				100							

项目二

基本工具的应用

本项目主要介绍基本工具的使用及作用,以及绘制、修饰和编辑图像的方法与技巧。通过本项目的学习,通过使用修复画笔工具、污点修复工具、仿制图章工具、修补工具、红眼工具修饰图像中的瑕疵,调整图像的尺寸、移动或复制图像及使用裁剪工具编辑和调整图像。

知识目标

- 掌握选择工具的使用方法。
- 掌握选区的调整方法和应用技巧。
- 掌握图像修饰工具的使用方法。
- 掌握图像绘制工具的使用方法。

能力目标

- 掌握"绘制禁止吸烟标志"的制作方法。
- 掌握"合成二十四节气海报"的制作方法。

素质目标

- 养成思辨性设计思维习惯。
- 具有健康生活、注重传统文化的意识。
- 具备主动学习与积极沟通的职业行为。

2.1 图像选择工具

2.1.1 图像和画布尺寸的调整

使用图像大小、画布大小工具可以精确地调整图像大小,旋转图像可以调整图像的显示方向,以便进一步处理图像。

1. 调整图像大小

图像的大小是由宽度、长度、分辨率决定的。"新建"对话框中会显示创建的图像大小。创建文件完成后,如果需要改变其图像大小,选择"图像"→"图像大小"命令,在打开的对话框中输入所需要的大小,如图2-1所示。

2. 调整画布大小

使用"画布大小"能准确设置画布的尺寸大小。选择"图像"→"画布大小"命令，在打开的对话框中可以修改画布的"宽度""高度"等参数，如图2-2所示。

图 2-1

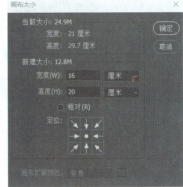
图 2-2

3. 旋转图像

旋转图像是指调整图像的显示方向。打开一幅图像，如图2-3所示，选择"图像"→"图像旋转"命令，在打开的子菜单中选择所需要的旋转方式。

水平翻转画布：在子菜单中选择"水平翻转画布"，效果如图2-4所示。

垂直翻转画布：在子菜单中选择"垂直翻转画布"，效果如图2-5所示。

图 2-3

图 2-4

图 2-5

2.1.2 查看图像

掌握了图像调整的基本操作后，还应学会如何查看图像，包括使用缩放工具查看、使用抓手工具查看、使用导航器查看等，这样才能得心应手地随时查看图像处理效果。

1. 缩放

使用缩放工具查看图像主要有以下两种方法。

打开一幅图像，如图2-6所示，在工具箱中选择"缩放工具"命令，将鼠标指针移至图像上需要放大的位置单击，即可放大图像，效果如图 2－7 所示。按 Alt 键可缩小图像。

图 2－6　　　　　　　　　　　　图 2－7

2. 抓手

使用"缩放工具"放大图像后，选择"抓手工具"，在图像窗口中按住鼠标左键拖曳，可以随意查看图像。

2.1.3　选框工具

选框工具包括矩形选框工具、椭圆选框工具、单行选框工具、单列选框工具，主要用于创建规则的选区。

1. 矩形选框工具

"矩形选框工具"适用于创建外形为矩形的规则选区，矩形的长和宽可以根据需要任意控制，还可以创建具有固定长宽比的矩形选区。

打开一幅图像，如图 2－8 所示，选择工具箱中的"矩形选框工具"，可在"矩形选框工具"的属性栏中进行羽化和样式的设置。按住鼠标左键拖曳至相应大小即可创建一个矩形选框，如图 2－9 所示。

图 2－8　　　　　　　　　　　　图 2－9

2. 椭圆选框工具

打开一幅图像，如图2-10所示，选择工具箱中的"椭圆选框工具"，然后在图像上按住鼠标左键不放并拖曳，即可绘制圆形选区。按住Shift键进行拖曳，可以绘制出圆形选区，如图2-11所示。

图2-10

图2-11

3. 单行选框工具、单列选框工具

在图像中绘制表格的多条平行线或制作网格线时，使用"单行选框工具"和"单列选框工具"会十分方便。在工具箱中选择"单行选框工具"或"单列选框工具"，在图像上单击，即可创建一个选框。

2.1.4 魔棒工具

它根据选择的颜色或色块进行类似色彩识别的操作，从而选择相似颜色的像素点，通过调整容差值来控制选区范围，容差值越高，选区范围域广泛，容差值越低，选区范围越精准。

1. 对象选择工具

"对象选择工具"可以用来选取大面积的区域，多用于色彩简单、图像单一的区域。

打开一幅图像，如图2-12所示，在工具箱中选择"对象选择工具"，按住鼠标左键将其拖至需要的区域即可（矩形选区要大于需要的选区）。效果如图2-13所示。

图2-12

图2-13

2. 快速选择工具

使用"快速选择工具"可以调节大小，对于一些小的区域、细微的边缘，需要精细处

理,笔触太大就会识别出多余的像素,在选项栏中可以控制光标大小。

打开一幅图像,如图2-14所示,在工具箱中选择"快速选择工具",按住鼠标左键将其拖至需要的区域。若没有选中的区域,单击选区,如图2-15所示,即可得到需要的选区。图像如图2-16所示。

图2-14

图2-15

图2-16

3. 魔棒工具

"魔棒工具"可以用来选取图像中的任意一点,并将与这一点颜色相同或相近的点自动融入选区中。

容差:用于控制色彩的范围,数值越大,可容许的颜色范围越大。

消除锯齿:用于清除选区边缘的锯齿。

连续:用于选择单独的色彩范围。

对所有图层取样:用于将所有可见图层中颜色容许范围内的色彩加入选区。

打开一幅图像,如图2-17所示,在工具箱中选择"魔棒工具",在图像中单击需要选择的颜色区域,即可得到需要的选区。调整属性栏中的容差值,再次单击需要选择的区域,图像如图2-18所示。

图2-17

图2-18

2.1.5 套索工具

使用"套索工具"可以选取不规则形状的图像,从而得到所需的选区。

使用套索工具的方法：在工具箱中选择"套索工具"，或反复按 Shift + L 组合键。

1. 套索工具

在"套索工具"属性栏中，"羽化"选项用于设定选区边缘的羽化程度，"消除锯齿"选项用于清除选区边缘的锯齿。

打开一幅图像，如图 2 - 19 所示，在工具箱中选择"套索工具"，在图像中的适当位置单击并按住鼠标左键，拖曳鼠标指针绘制出需要的选区，松开鼠标左键，选择区域会自动封闭，图像如图 2 - 20 所示。

图 2 - 19　　　　　　　　　　　　　图 2 - 20

2. 多边形套索工具

"多边形套索工具"可以用来选取不规则的多边形图像。打开一幅图像，如图 2 - 21 所示，在工具箱中选择"多边形套索工具"，在图像上需要创建选区的位置单击，沿着所选取对象的边缘单击鼠标绘制一个多边形，使终点与起点重合后，松开鼠标，即可看到一个自动闭合的多边形选区，图像如图 2 - 22 所示。

图 2 - 21　　　　　　　　　　　　　图 2 - 22

3. 磁性套索工具

使用"磁性套索工具"可以选取不规则的并与背景反差大的图像。

在工具箱中选择"磁性套索工具"命令，在图像中适当位置单击并按住左键，根据选取图像的形状拖曳鼠标，选取图像的磁性轨迹会紧贴图像的内容，将鼠标指针移回到起点。

在"磁性套索工具"属性栏（图2-23）中进行设置：

羽化：选项用来设置选区的羽化范围。

消除锯齿：选项用于清除选区边缘的锯齿。

宽度：选项用于设定套索范围，磁性套索工具将在这个范围内选取反差最大的边缘。

对比度：选项用于设定选区边缘的灵敏度，数值越大，则要求边缘与背景的反差越大。

频率：选项用于设定选区点的速率，数值越大，标记速度越快，标记点越多。

图2-23

2.1.6 选区的调整

在图像中创建选区范围后，可以对选区进行调整，如调整选区的范围和位置。

1. 全选和反选选区

如果需要选择整幅图像的选区，可以选择"选择"→"全部"命令或按Ctrl+A组合键，效果如图2-24所示。

选择"选择"→"反选"命令，或按Ctrl+Shift+I组合键，可以选择图像中除选区以外的区域。反选常用于对图像中复杂的区域进行间接选择或删除多余背景效果，如图2-25所示。一般在使用"魔棒工具"选取图像时进行反选。

图2-24

图2-25

2. 移动选区

在图像中创建选区后，在工具箱中选择"选框工具"，然后将鼠标指针移动到选区内，如图2-26所示,按住鼠标左键不放并拖曳,即可移动选区的位置。使用→、←、↑、↓方向键可以进行微移,如图2-27所示。

图2-26

图2-27

3. 变换选区修改范围

使用"矩形选框工具"或"椭圆选框工具"一般不能一次性框选需要的范围,此时可使用"变换选区"命令实施自由变形,不会影响选区中的图像,如图2-28所示。选择"选择"→"变换选区"命令,按住鼠标左键不放并拖曳控制点可以改变尺寸大小,完成后按Enter键完成选区调整,如图2-29所示。

图2-28

图2-29

2.1.7　裁剪工具和透视裁剪工具

裁剪工具主要是对图像及画布多余的部分进行裁剪。

1. 裁剪工具

打开一幅图像,如图2-30所示,将鼠标指针移动到要裁剪的图像上,变成一个十字形状,并带有一个虚线框。这个虚线框就是裁剪框,代表裁剪后的图像大小。单击并拖动裁剪框的角或边来调整其大小。移动鼠标到裁剪框外部时,边框通常会变暗,这表示该区域将被裁剪掉,如图2-31所示。双击进行裁剪,如图2-32所示。

图 2-30　　　　　　　　　图 2-31　　　　　　　　　图 2-32

2. 透视裁剪工具

使用"透视裁剪工具"可以旋转或扭曲裁剪定界框。

打开一幅图像，如图 2-33 所示，在工具箱中选择"透视裁剪工具"，透视裁剪工具不一定是矩形或不规律的四边形，如图 2-34 所示。调节各个端点可以改变形状，裁剪后如图 2-35 所示。

图 2-33　　　　　　　　　图 2-34　　　　　　　　　图 2-35

2.1.8　选区中图像的变换

图像的变换操作主要有缩放、旋转、斜切、翻转、变形、透视等。

自由变换：打开一幅图像，如图 2-36 所示，选择"编辑"→"自由变换"命令，或按 Ctrl + T 组合键。拖动定界框的边缘或角落的控制点来缩放图像，如图 2-37 所示；按住 Shift 键并拖动定界框的角落控制点，可以等比例缩放图像，按住 Ctrl 键并拖动定界框的角落控制点，可以自由变换框内的图像，如图 2-38 所示。

使用"矩形选框工具"或"椭圆选框工具"选择需要的选区，如图 2-39 所示。选择"选择"→"修改"命令，在打开的子菜单中选择所需的变换方式，在弹出的属性栏中设置参数。

图 2－36　　　　　　　　　图 2－37　　　　　　　　　图 2－38

　　选区的修改：边界、平滑、扩展、收缩、羽化。

　　边界：可以将选区边缘变成有宽度的新选区。选择"选择"→"修改"→"边界"命令，调整宽度。

　　平滑：调整选区边缘的平滑度。选择"选择"→"修改"→"平滑"命令，取样半径越大，平滑度越高。

　　扩展/收缩：可以将原选区的边缘对外扩展或对内收缩。图 2－40 所示是原选区向外扩展 20 像素后的效果。

　　羽化：使选区边缘部分展现过渡式虚化。

图 2－39　　　　　　　　　　　　　　　图 2－40

2.1.9　课堂案例——绘制禁止吸烟标志

🌀 案例学习目标

　　学习使用"魔棒工具"和"椭圆选框工具"绘制禁止吸烟标志。

🌀 案例知识要点

　　使用"魔棒工具"和"椭圆选框工具"绘制禁止吸烟标志。

课堂案例——
绘制禁止吸烟标志

案例制作

（1）按 Ctrl + N 组合键，弹出"新建"对话框，将"宽度"设为"8 厘米"，"高度"设为"10 厘米"，"分辨率"设为"300 像素/英寸"，"颜色模式"设为"RGB 颜色"，"背景内容"设为"白色"，单击"创建"按钮，新建一个文件，如图 2 – 41 所示。

（2）在"图层"面板中单击"新建图层"按钮，重命名为"圆"，如图 2 – 42 所示。

图 2 – 41

图 2 – 42

（3）将前景色设置为红色，选择"椭圆工具"，绘制 2 个圆形，颜色分别为红色（其 R、G、B 的值分别为 255、0、0）和白色（其 R、G、B 的值分别为 255、255、255），效果如图 2 – 43 所示。

（4）在"图层"面板中单击"新建图层"按钮，重命名为"矩形"，将前景色设置为红色。选择"矩形工具"，绘制出一个矩形，如图 2 – 44 所示。

图 2 – 43

图 2 – 44

（5）在"图层"面板中单击"新建图层"按钮，打开云盘中的"Ch02\素材\2.1 绘制禁止吸烟标志\01"，旋转图像为"45%"，如图 2-45 所示。在"图层"面板中调整矩形图层和素材 01 图层的顺序，如图 2-46 所示。

图 2-45

图 2-46

（6）按 Ctrl+O 组合键，打开云盘中的"Ch02\素材\2.1 绘制禁止吸烟标志\02"，选择"魔棒工具"，抠出图像，调整大小，放到相应位置，如图 2-47 所示。

（7）将前景色设置为白色。选择"直排文字工具"，在属性栏中设置适当的字体和文字大小，在图像窗口中输入需要的文字，字体为"微软雅黑"，50 点，加粗，效果如图 2-48 所示。

图 2-47

图 2-48

2.2　图像编辑工具（修饰图像）

2.2.1　修复画笔工具和污点修复画笔工具

1. 修复画笔工具

"修复画笔工具"用于将图像复制到其他地方，从而达到融入图像的目的。

打开一幅图像，如图 2-49 所示，在工具箱中选择"修复画笔工具"。按住 Alt 键，单击完好的区域，此时画笔吸取了完好区域的像素，然后使用画笔直接单击或涂抹，如图 2-50 所示。注意，画笔笔头比需要修复的污点大一点，能够圈住污点。

图 2-49 　　　　　　　　　　　　　图 2-50

2. 污点修复画笔工具

"污点修复画笔工具"是自动从所修饰区域的周围取样，使用样本进行绘画，并将样本像素的纹理、光照、透明度和阴影与所修复的像素相匹配。

打开一幅图像，如图 2-51 所示，在工具箱中选择"污点修复画笔工具"，直接单击或涂抹，如图 2-52 所示。注意，画笔笔头比需要修复的污点大一点，能够圈住污点。

图 2-51 　　　　　　　　　　　　　图 2-52

2.2.2　仿制图章工具

使用"仿制图章工具"，通过复制其他完好图像来修复图像中的瑕疵，达到想要的图像效果。

1. 仿制图章工具

使用"仿制图章工具"可将图像的一部分绘制到图像的其他地方，也可以绘制到另外一个图层。

打开一幅图像，如图 2-53 所示，在工具箱中选择"仿制图章工具"，在选项栏中选取画笔，并设置画笔选项。

模式：选择方式模式，通常都选择"正常"。

不透明度：调整透明度。

流量：调整仿制密度。

在取样点上按 Alt 键，同时单击鼠标右键完成取样。将鼠标在复制点处进行不断的涂抹，可以看到在鼠标不断移动的同时，一个十字形点也在不断地移动进行取样，这样很快就复制出新图像，如图 2-54 所示。

图 2-53

图 2-54

2. 图案图章工具

使用"图案图章工具"可以在选项栏中选择图案进行绘制。在"图案"面板中可以选择更多的图案。

打开一幅图像，如图 2-55 所示，在工具箱中选择"图案图章工具"，在选项栏中选取画笔，并设置画笔选项（混合模式、不透明度、流量）。在选项栏中选择"对齐"，会对像素连续取样，如果取消选择"对齐"，则会在每次停止或重新绘画时，使用最初取样的样本像素。在图像中拖移，即可使用该图案进行绘画，如图 2-56 所示。

图 2-55

图 2-56

2.2.3　修补工具

打开一幅图像，如图 2-57 所示，使用"修补工具"是将样本的纹理、色彩、光照与需要修复的选区进行融合。在工具箱中选择"修补工具"，绘制需要修复的选区，如图 2-58 所示，当释放鼠标时，软件就会自动进行修复或替换操作。可以立即看到结果，如图 2-59 所示。

图 2-57　　　　　　　　　图 2-58　　　　　　　　　图 2-59

2.2.4　红眼工具

使用"红眼工具"可以修复拍照、闪光灯留下的污点。

打开一幅图像，如图 2-60 所示，在工具箱中选择"红眼工具"命令，单击红眼选区，将光标放到需要修复的选区将会把红眼消除，如图 2-61 所示。

图 2-60　　　　　　　　　　　　　　图 2-61

2.2.5　模糊工具和锐化工具

"模糊工具"和"锐化工具"可以调整图像视觉效果，具有色调和对比度等调整选项，可以营造不同的美感。

1. 模糊工具

使用"模糊工具"可以将清晰的图像变模糊。

打开一幅图像，如图 2-62 所示，在工具箱中选择"模糊工具"。在"模糊工具"属性栏中，可以设置画笔大小、画笔硬度，直接在需要进行模糊处理的图像上涂抹即可，如图 2-63 所示。

2. 锐化工具

使用"锐化工具"可以将模糊的图像变清晰。在使用锐化工具时，先勾选"保护细节"再锐化，防止色彩出现偏差。

打开一幅图像，如图 2-64 所示，在工具箱中选择"锐化工具"。在"锐化工具"属性栏中，可以设置画笔大小、画笔硬度，然后在图片上涂抹即可，如图 2-65 所示。

图 2-62　　　　　　　　　　图 2-63

图 2-64　　　　　　　　　　图 2-65

3. 涂抹工具

"涂抹工具"用于颜色的过渡。其可以涂抹均匀笔触，使画面干净整洁，提高图像精致度。可以绘制一张如图 2-66 所示的图像，在工具箱中选择"涂抹工具"。在"涂抹工具"属性栏中，可以设置画笔大小和强度，进行涂抹即可如图 2-67 所示。

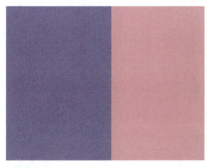

图 2-66　　　　　　　　　　图 2-67

2.2.6　减淡工具和加深工具

"减淡工具"和"加深工具"主要用于对图像的颜色进行修改，达到所需的图像效果。

1. 减淡工具

使用"减淡工具"主要是对图像进行加光处理，以达到对图像的颜色进行减淡。打开一幅图像，如图2-68所示，在工具箱中选择"减淡工具"，在"减淡工具"属性栏中设置参数，然后将光标移至图像中，在图像中需要变亮的区域按住鼠标左键进行涂抹，即可看到被涂抹过的区域亮度提高了，图像如图2-69所示。

2. 加深工具

使用"加深工具"可以对图像需要变暗的区域进行加深处理，从而增强图片的明暗对比度，丰富图像的层次关系。在工具箱中选择"减淡工具"，右击，在弹出的菜单中选择"加深工具"，在"加深工具"属性栏中设置参数，然后在图像中需要变暗的区域中进行涂抹，可看到被涂抹过的像素区域变暗，并且该区域涂抹次数越多，会变得越暗，图像如图2-70所示。

图2-68

图2-69

图2-70

3. 海绵工具

使用"海绵工具"可以增强或减弱图片画面的颜色饱和度。如果是灰度图像，可以增加或降低其对比度。打开一幅图像，如图2-71所示，在工具箱中选择"海绵工具"，在"海绵工具"属性栏中，设置模式为"去色"，在图像中按住鼠标左键涂抹，可降低被涂抹区域的色彩饱和度，加色如图2-72所示、去色如图2-73所示。

图2-71

图2-72

图2-73

2.2.7 橡皮擦工具

"橡皮擦工具"主要用来擦除不需要的区域,如果对背景层进行擦除,则背景色是什么色,擦出来的就是什么色;如果在其他图层上使用橡皮擦工具擦除,则会将这层颜色擦除,显示出下一层的颜色。

1. 橡皮擦工具

"橡皮擦工具"用来擦除不需要的部分。打开一幅图像,如图 2-74 所示,在工具箱中,可在"橡皮擦工具"属性栏中设置大小以及软硬程度,然后对需要擦除的区域进行涂抹,图像如图 2-75 所示。

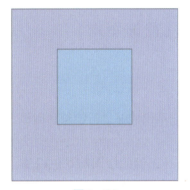
图 2-74

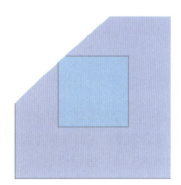
图 2-75

2. 背景橡皮擦工具

"背景橡皮擦工具"用来擦除部分背景颜色。可在"背景橡皮擦工具"属性栏中设置画笔大小、连续、容差大小。打开一幅图像,如图 2-76 所示,擦除需要擦除的部分,图像如图 2-77 所示。

图 2-76

图 2-77

3. 魔术橡皮擦工具

"魔术橡皮擦工具"用于大面积擦除不需要的部分。打开一幅图像,如图 2-78 所示,可在"魔术橡皮擦工具"属性栏中设置容差大小,选取色块,用鼠标在选区上单击,选区被擦除,图像如图 2-79 所示。

图 2 – 78

图 2 – 79

2.3　图像编辑工具（修饰图像）

2.3.1　画笔的使用

画笔工具是一个功能丰富、用途广泛的工具，它不仅能够进行绘画和创作，还能在图像编辑、修复、融合等多个方面发挥重要作用。

在使用"画笔工具"进行绘制时，除了需要选择正确的绘图前景色以外，还要正确设置"画笔工具"选项。在工具箱中选择"画笔工具"，调整画笔大小、不透明度及其混合模式，如图 2 – 80 所示。

图 2 – 80

画笔：在此下拉列表中选择合适的画笔大小，如图 2 – 81 所示。

模式：设置用于绘图的前景色与作为画纸的背景之间的混合效果。

不透明度：它决定了颜色对图像底层的覆盖能力和可见性。数值越大，笔迹的不透明度越高，绘制的效果就越明显；反之，则绘制的效果就越不明显。

流量：设置拖动光标一次得到图像的清晰度。数值越小，越不清晰。

通过画笔的调整，可以绘制出如图 2 – 82 所示的图像。

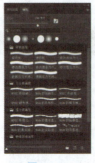

图 2 – 81

图 2 – 82

2.3.2 铅笔的使用

使用"铅笔工具"可以模拟铅笔的绘画风格，绘制一些无边缘发散效果的线条或图案。"铅笔工具"与"画笔工具"的用法基本相同。在工具箱中选择"铅笔工具"调整画笔大小、不透明度及其混合模式。

2.3.3 渐变工具

使用"渐变工具"填充颜色时，可以将颜色从一种变化到另一种，或由浅到深、由深到浅地变化。渐变工具可以创建多种颜色间的逐渐混合，范围非常广泛，它不仅可以填充图像，也经常用来填充图层蒙版、快速蒙版和通道等。

在工具箱中选择"渐变选择工具"，在选项栏中选择"渐变解释器"，在"预设"中选择所需的渐变颜色，如图 2-83 所示。同时，在选项栏中选择一种渐变类型，然后按住鼠标左键从选区的一边拖曳到另一边，松开鼠标后，渐变填充操作就完成了。

线性渐变效果如图 2-84 所示。径向渐变效果如图 2-85 所示。

图 2-83

图 2-84

图 2-85

圆锥渐变效果如图 2-86 所示。对称渐变效果如图 2-87 所示。菱形渐变效果如图 2-88 所示。

图 2-86

图 2-87

图 2-88

2.4　课堂案例——合成二十四节气海报

1. 制作效果

（1）按 Ctrl + N 组合键，弹出"新建"对话框，将"宽度"设为"20"厘米，"高度"设为"30"厘米，"分辨率"设为"150"像素/英寸，"颜色模式"设为"RGB 颜色"，"背景内容"设为"白色"，单击"创建"按钮，新建一个文件，如图 2 - 89 所示。

课堂案例——
合成二十四
节气海报

（2）按 Ctrl + O 组合键，打开云盘中的"Ch02\素材\2.3 合成二十四节气海报\01"，效果如图 2 - 90 所示。

图 2 - 89

图 2 - 90

2. 制作主题图片效果

（1）在"图层"面板中单击"新建图层"，将前景色设置为白色。选择"椭圆工具"，绘制一个圆形，如图 2 - 91 所示。

（2）按 Ctrl + O 组合键，打开云盘中的"Ch02\素材\2.3 合成二十四节气海报\02"，在"图层"面板中选中 02 素材图层，右击，选择"创建剪切蒙版"，如图 2 - 92 所示。

图 2 - 91

图 2 - 92

（3）按 Ctrl + O 组合键，打开云盘中的"Ch02\素材\2.3 合成二十四节气海报\03"，选择"魔棒工具"，抠出图像。调整大小并放到相应位置，如图 2-93 所示。

（4）将前景色设置为黑色。在工具箱中选择"直排文字工具"或"竖排文字工具"，在属性栏中设置适当的字体和文字大小，在图像窗口中输入需要的文字，使用"矩形工具"绘制需要的矩形，如图 2-94 所示。

（5）按 Ctrl + O 组合键，打开云盘中的"Ch02\素材\2.3 合成二十四节气海报\04"，选择"魔棒工具"，抠出图像。调整大小并放到相应位置，如图 2-95 所示。粮食宣传广告制作完成。

图 2-93　　　　　　　图 2-94　　　　　　　图 2-95

拓展练习1　绘制图标

练习知识要点

使用"矩形工具"绘制主体，使用"矩形工具"和"椭圆工具"，调整描边大小，绘制圆圈。打开素材"绘制图标\01"，使用"魔棒工具"抠出需要的选区并放到相应位置。效果如图 2-96 所示。

拓展案例——
绘制图标

图 2-96

效果所在位置

云盘\Ch02\效果\拓展案例1\绘制图标.psd。

拓展练习2　制作冬至宣传海报

拓展案例——
千态蝴蝶展

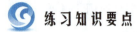 **练习知识要点**

打开素材"云盘\Ch02\素材\拓展案例1\01 蝴蝶、02 木纹纸",将其放置至指定位置。使用素材"01 蝴蝶"添加画笔形状,调整笔刷参数,以达到图2-97中展示的效果。使用"竖排文字工具"输入对应文字,设置字体样式及大小。效果如图2-97所示。

图2-97

效果所在位置

云盘\Ch02\效果\拓展案例2\制作蝴蝶展览海报.psd。

项目评价

根据下表评分要求和评价准则,结合学习过程中的表现开展自我评价、系统评价、小组评价、组长评价、教师评价和企业评价等,并计算出最后得分。

评价项	评分要求	评价准则	分值	自我评价	系统评价	小组评价	组长评价	教师评价	企业评价	得分
基本素养	学习态度	上课出勤	缺勤全扣,迟到早退扣1分	4					√		
		回答问题	根据回答问题情况统计得分	3					√		
	学习能力	高效学习力	学习效率高,不拖拉	2			√				
		学习调整力	根据自身学习情况调整学习进度	2			√				

48

续表

评价项		评分要求	评价准则	分值	自我评价	系统评价	小组评价	组长评价	教师评价	企业评价	得分
知识与技能	知识要求	知识学习	在线课程学习情况	5		√					
		知识训练	在线测试分值	5		√					
	技能要求	技能学习	完成技能思维导图	5					√		
		技能训练	快速、准确完成课内训练	5					√		
岗位素养	任务完成	按时提交	在时间点内提交	5	√						
		内容完成	根据完成情况赋分	15			√				
		作品效果	根据作品创新性、创意性、科学性赋分	20			√			√	
	身心素养	劳动层面	按工作流程完成作品	5	√						
		心理层面	调整心理状态，进行情绪管理，完成作品	5	√						
职业素养	思想素养	总结作品思想主旨	能总结出本项目的思想主旨	2			√				
		扩展作品思想主旨	能结合作品说出新的设计思路与主旨	2			√				
	道德素养	协作与沟通	根据协作情况与沟通顺畅度赋分	5				√			
		传播正能量	作品融入正能量，积极健康、乐观向上	10					√		
			合计	100							

项目三

路径工具的应用

本项目主要介绍路径和图形的绘制方法及应用技巧。读者通过本项目的学习，可以快速地绘制出所需路径，并对路径进行修改和编辑，还可以应用绘图工具绘制出系统自带的图形，提高图像制作的效率。

知识目标

- 了解路径的概念。
- 掌握钢笔工具的使用方法。
- 掌握编辑路径的方法和技巧。
- 掌握绘图工具的使用方法。

能力目标

- 掌握"绘制卡通人物"的制作方法。
- 掌握创建和编辑形状的方法。

素质目标

- 养成高效的学习习惯。
- 具备克服困难，迎难而上的思想意识。
- 树立精益求精的职业态度。

3.1 绘制路径

路径是基于贝赛尔曲线建立的矢量图形，所有使用矢量绘图软件或矢量绘图工具制作的线，原则上都可以称为路径。

路径可以是一个点、一条直线或者一条曲线，除了点以外的其他路径均由锚点、锚点间的线条、段构成。如果锚点间的线段曲率不为 0，锚点的两侧还有控制句柄。锚点与锚点之间的相对位置关系，决定了这两个锚点之间路径线的位置，锚点两侧的控制句柄控制该锚点两侧路径线的曲率。

图 3-1 展示的是用"钢笔工具"描绘的一条路径，路径线、锚点和控制句柄是其基本组成元素。

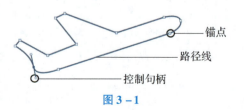

图 3-1

50

3.2 钢笔工具

钢笔工具用于提取复杂的图像，也可以用于绘制各种路径图形。

3.2.1 钢笔工具

创建路径最常用的是"钢笔工具"。用"钢笔工具"在页面中单击确定第一点，然后在另一点位置单击，两点之间创建一条直线路径。如果在单击另一点时拖动鼠标，则可以得到一条曲线路径。

在路径绘制结束后，如果要创建开放的路径，在工具箱中选择"直接选择工具"，然后在工作页面上单击，放弃对路径的选择；也可以在绘制过程中按 Esc 键退出路径的绘制状态，以得到开放的路径。

3.2.2 自由钢笔工具

选择"自由钢笔工具"后，其工具选项条如图 3-2 所示。

图 3-2

在使用方法上，"自由钢笔工具"与"铅笔工具"已有几分相似，不同的只是经过"自由钢笔工具"描绘过的路径，可以进行编辑，从而形成一条比较精确的路径。

"曲线拟合"参数控制了路径对鼠标移动的敏感性，在此可以输入一个数值，数值越高，创建的路径锚点越少，路径越光滑。

3.2.3 绘制直线段

在工具箱中选择"钢笔工具"，在图像上单击，即可绘制起点。

用鼠标在图像的另一个位置单击，两点间就会连成一条直线，继续绘制其他节点。当终点和起点重合时，鼠标指针右下方会出现一个小圆圈，表示封闭路径。如图 3-3 和图 3-4 所示。

图 3-3

图 3-4

3.2.4 绘制曲线

选择"钢笔工具"将鼠标指针放在曲线开始的位置，单击鼠标并拖动，则第一个节点和方向线便会出现。

将鼠标指针置于第二个节点的位置，单击鼠标，沿需要的曲线方向拖动。拖动时，笔尖会导出两条方向线，方向线的长度和斜率决定了曲线段的形状。

为了更好地控制曲线的方向，在绘制完成曲线的某一节点后释放鼠标，按住 Alt 键单击方向点并拖动，此时不会影响另一侧的方向线，有利于以后进行曲线方向的控制。将鼠标指针移动到下一条线段需要的位置后单击进行拖动，完成路径的绘制。

若要结束开放路径的绘制，可按住 Ctrl 键单击路径以外的任何位置；要闭合路径，将指针移动到路径的第一个节点上。如果放置的位置正确，则鼠标指针右下方会出现一个小圆圈。如图 3-5~图 3-7 所示。

图 3-5　　　　　　　　图 3-6　　　　　　　　图 3-7

3.3　编辑路径

可以通过"添加锚点工具""删除锚点工具""转换节点工具""路径选择工具""直接选择工具"对已有的路径进行修整。

3.3.1　添加锚点工具和删除锚点工具

1. 添加锚点工具

要在一条路径上添加锚点，就可以使用"添加锚点工具"来完成该操作。

在路径被激活的状态下，选用"添加锚点工具"直接单击要增加锚点的位置，即可增加一个锚点，如图 3-8 和图 3-9 所示。

图 3-8　　　　　　　　图 3-9

如果"钢笔工具"选项条中"自动添加/删除"选项处于被选中状态，则利用"钢笔工具"也可以直接添加锚点。首先选定路径，再将"钢笔工具"移动到路径上需要增加锚点的位置,"钢笔工具"将自动改变为"添加锚点工具",单击即可添加一个锚点。

2. 删除锚点工具

与"添加锚点工具"刚好相反,"删除锚点工具"的作用就是删除路径上的锚点。其操作方法非常简单,只需将此工具光标置于一个锚点上,单击即可删除此锚点。

图 3-10 所示的是原路径,图 3-11 所示的是删除多个锚点后的效果。由图示可见,当删除关键的定位点时,路径的形状会发生变化。

图 3-10　　　　　　　　　图 3-11

如果"钢笔工具"选项条中的"自动添加/删除"选项处于选中状态,则可以利用"钢笔工具"直接删除锚点。首先应该将包含此锚点的路径选中,然后将"钢笔工具"移动到欲删除的锚点上,此时"钢笔工具"自动改变为"删除锚点工具",单击要删除的锚点即可。

3.3.2　转换节点工具

利用"转换节点工具"可以将直角形节点、光滑形节点与拐角节点进行互相转换。

将光滑形节点转换为直角形节点时,用"转换节点工具"单击此节点即可。

要将直角形节点转换为光滑形节点,可以用"转换节点工具"单击并拖动此节点,如图 3-12 所示。

图 3-12

如果要删除路径线段,用"直接选择工具"选择要删除的线段,然后按 Backspace 键或 Delete 键即可。

3.3.3　路径选择工具和直接选择工具

1. 路径选择工具

路径选择工具用于选择完整路径。选择"路径选择工具",在路径上单击即可选择该路径,在路径上按住并拖曳鼠标,可移动所选路径的位置。如图 3-13 和图 3-14 所示。

图 3-13　　　　　　　　　图 3-14

2. 直接选择工具

"直接选择工具"用于选择路径中的线段、锚点和控制句柄等。选择直接选择工具,在路径上的任意位置单击，将出现锚点和控制句柄。任意选择路径中的线段、锚点、控制句柄，然后按住鼠标左键不放并向其他方向拖曳，可对选择的对象进行编辑，如图 3-15 和图 3-16 所示。

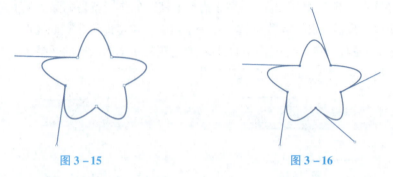

图 3-15　　　　　　　　　　　　　图 3-16

3.3.4　填充路径

建立路径以后，要将绘制的路径转换为像素的形式，从而应用于图像制作中。下面将介绍路径的描边及填充。

根据闭合路径所围住的区域，用指定的颜色进行填充，便可对路径进行填充。单击"编辑"→"填充"命令，或右击"路径"面板，选择"填充路径"，打开"填充"对话框，如图 3-17 所示。填充"前景色"的效果如图 3-18 所示。

图 3-17　　　　　　　　　　　　　图 3-18

3.3.5　描边路径

在"路径"面板中右击"路径缩览图"，在弹出的菜单中选择"描边路径"命令，出现"描边"对话框，如图 3-19 所示，选择描边工具（如选择铅笔或钢笔，注意事先调整笔头大小和颜色）对路径进行描边。描边后的效果如图 3-20 所示。

图 3-19　　　　　　　　　　　　　图 3-20

3.3.6 路径与选区的转换

在 Photoshop 中，除了使用"钢笔工具"或"形状工具"创建路径外，还可以通过图像文件窗口中的选区来创建路径。要想通过选区来创建路径，用户只需在创建选区后单击"路径"面板底部的"从选区生成工作路径"按钮，即可将选区转换为路径。在 Photoshop 中，不但能够将选区转换为路径，而且能够将所选路径转换为选区进行处理。要想转换绘制的路径为选区，可以单击"路径"面板中的按钮，将路径作为选区载入。

3.4 形状与路径

3.4.1 认识形状工具

在 Photoshop 中，可以通过形状工具创建路径图形。"形状工具"（图 3-21）一般可分为两类：一类是基本几何体图形的形状工具；另一类是形状较多样的自定形状工具。

（1）矩形工具：选择该命令可以绘制矩形（正方形）形状。
（2）圆角矩形工具：选择该命令可以绘制具有圆角的矩形，圆角的大小可以自行设置。
（3）椭圆工具：选择该命令可以绘制椭圆或圆形（圆角半径可以设置）。
（4）多边形工具：选择该命令可以绘制多边形（设置边数、半径等）。
（5）直线工具：选择该命令可以绘制直线。
（6）自定形状工具：选择该命令可以绘制自由的形状。

"形状工具"的属性栏对"形状工具"的使用十分重要。在其工具属性栏中可以设置所要绘制形状的一些参数。选择"矩形工具"后绘制图形，如图 3-22 所示。

图 3-21　　　　　　　　　　　　　　图 3-22

下面介绍"形状工具"的工具属性栏的部分选项。

绘图模式：Photoshop 中的钢笔和形状等矢量工具可以创建不同的对象，包括路径、形状、像素，如图 3-23 所示。使用矢量工具开始绘图之前，需要在其工具属性栏中选择一种绘图模式，如图 3-24 所示。选取的绘图模式将决定是创建工作路径，还是在当前图层上方创建形状图层，或是在当前图层绘制填充图形。

（1）形状。在画面上绘制形状时，"图层"面板上自动生成一个名为"形状"的新图层，并在"路径"面板上保存矢量形状。

图 3-23

图 3-24

（2）路径。在画面上绘制形状时，此形状自动转变为路径线段，并在"路径"面板中保存为工作路径。

（3）像素。绘制形状时，在原图层上自动用前景色填充或描边（有些自定形状是用前景色描边的）此形状。在"图层"面板和"路径"面板中不会保存形状。

3.4.2 创建和编辑形状

Photoshop 自定形状工具可以绘制自定形状路径，在 Photoshop 中文版自定形状工具属性栏中，绘图模式选择"像素"，单击"形状"按钮，出现如图 3-25 所示的形状列表，分别选择"掌印"和"信封"形状，在不同的图层上改变前景色，绘制出蓝色的信封。如图 3-26 和图 3-27 所示。

图 3-25

图 3-26

图 3-27

绘制形状时，首先要在工具属性栏中选择合适的绘制模式。在画面上拖动鼠标，便可绘制出所需的形状。绘制形状的过程中，必须注意以下问题：

（1）按住 Shift 键，可以绘制出规则的图形。选择"直线工具"，按住 Shift 键，在画面上拖动鼠标，可以绘制出水平、竖直或45°的直线；选择"矩形工具"，按住 Shift 键，在画面上拖动鼠标，可以绘制出正方形；选择"椭圆工具"，按住 Shift 键，在画面上拖动鼠标，可以绘制出正圆。

（2）按住 Alt 键拖动鼠标，可以从中心开始绘制形状，即鼠标的起始点是形状的中心，例如，从圆心开始绘制椭圆或圆；按住 Shift + Alt 组合键，鼠标的起始点为圆心或正方形的中心，绘制圆或正方形。

3.5 课堂案例——绘制卡通人物

课堂案例——
绘制卡通人物

钢笔工具是 Photoshop 中最重要的绘图工具，可以绘制直线和任意曲线路径，从而制作出各种类型的图形。下面先通过绘制卡通人物的案例来讲解钢笔工具的使用方法，再通过知识点分别讲解钢笔工具和路径及锚点的编辑方法。

案例学习目标

在动漫影视作品中，可以看到许多不同类型的卡通人物。下面将协同使用钢笔工具和椭圆工具来绘制一个卡通人物。

案例知识要点

使用"钢笔工具"绘制图形。

案例制作

3.5.1 案例设计

案例设计流程如图 3-28 所示。

图 3-28

3.5.2 案例制作

（1）按 Ctrl + N 组合键，弹出"新建"对话框，将"宽度"选项设为"20 厘米"，"高度"选项设为"25 厘米"，"分辨率"设为"300 像素/英寸"，"颜色模式"设为"RGB 颜色"，"背景内容"设为"白色"，单击"创建"按钮，新建一个文件。如图 3-29 所示。

（2）选择"背景"图层解锁，单击设置前景色面板，选择其填充颜色（其 RGB 的值为 174、171、171），按 Alt + Delete 组合键，为背景填充前景色效果，如图 3-30 所示。

（3）单击"图层"控制面板下方的"创建新图层"按钮，双击图层名称，将图层重命名为"脸"。接着在此图层绘制卡通人物的脸。先选择椭圆工具，按住鼠标左键不放，绘制合适大小的椭圆。选择前景色面板，选择填充颜色（其 R、G、B 的值分别为 249、219、193），按 Alt + Delete 组合键，为图形填充颜色。如图 3-31 所示。

图 3-29

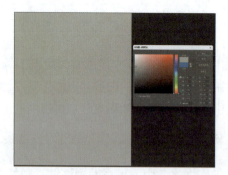
图 3-30

（4）选择"脸"图层，单击"图层"控制面板下方的"添加图层样式"按钮，单击"描边"，将描边大小改为"20 像素"，位置为"外部"，选择填充颜色（其 R、G、B 的值分别为 130、30、31），如图 3-32 所示。

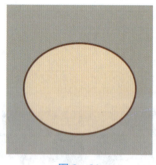
图 3-31

图 3-32

（5）单击"图层"控制面板下方的"创建新图层"按钮，双击图层名称，将图层重命名为"左眼"。选择椭圆工具，绘制合适大小的椭圆，选择前景色面板，选择填充颜色（其 R、G、B 的值分别为 130、30、31），按 Alt + Delete 组合键，为图形填充颜色，如图 3-33 所示。选择移动工具，选择刚绘制的椭圆，按住 Alt 键的同时长按鼠标左键，将图形复制，放在合适的位置，如图 3-34 所示，并将其命名为"右眼"。

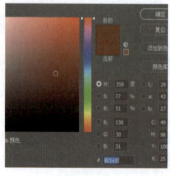
图 3-33

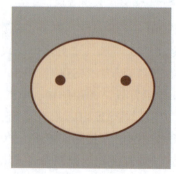
图 3-34

（6）选中"左眼"图层，按住 Shift 键单击"右眼"图层，选择两个图层，单击鼠标右键，选择"从图层建立组"，在弹出的对话框中，将其命名为"眼睛"，单击"确定"按钮。

（7）单击"图层"控制面板下方的"创建新图层"按钮，双击鼠标左键，将图层重命名为"嘴巴"。在工具箱中单击钢笔工具，绘制一个闭合路径，按 Ctrl + Enter 组合键，将路径转换为选区，弹出"建立选区"面板，单击"确定"按钮，如图 3 – 35 所示。设置前景色（其 R、G、B 的值分别为 130、30、31），按住 Alt + Delete 组合键为选区添加颜色。

（8）单击"图层"控制面板下方的"创建新图层"按钮，选择椭圆工具，绘制合适大小的椭圆。选择前景色面板，选择填充颜色（其 R、G、B 的值分别为 223、138、160），按 Alt + Delete 组合键，为图形填充颜色，如图 3 – 36 所示。选择移动工具，选择刚绘制的椭圆，按住 Alt 键的同时长按鼠标左键，将图形复制，放在合适的位置，如图 3 – 37 所示。选择两个图层，右击，选择"从图层建立组"，在弹出的对话框中，将其命名为"腮红"，单击"确定"按钮。

图 3 – 35

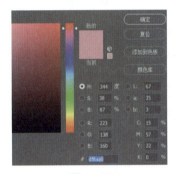

图 3 – 36

（9）单击"图层"控制面板下方的"创建新图层"按钮，双击鼠标左键，将图层重命名为"头发"。在工具箱中单击钢笔工具，绘制一个闭合路径，如图 3 – 38 所示。按 Ctrl + Enter 组合键，将路径转换为选区，弹出"建立选区"面板，单击"确定"按钮。设置前景色（其 R、G、B 的值分别为 223、138、160），按住 Alt + Delete 组合键为选区添加颜色，如图 3 – 39 所示。

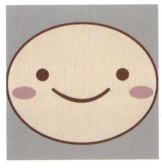

图 3 – 37

图 3 – 38

图 3 – 39

（10）单击"图层"控制面板下方的"创建新图层"按钮，双击鼠标左键，将图层重命名为"帽子"，将图层放到"脸"图层下方。选择椭圆工具，按住鼠标左键不放，绘制合适大小的椭圆。选择前景色面板，选择填充颜色（其R、G、B的值分别为234、209、82），按Alt+Delete组合键，为图形填充颜色，如图3-40所示。设置描边颜色（其R、G、B的值分别为130、30、31），如图3-41所示。

图3-40

图3-41

（11）单击"图层"控制面板下方的"创建新图层"按钮，在工具箱中单击钢笔工具，绘制一个闭合路径，如图3-42所示。按Ctrl+Enter组合键，将路径转换为选区，弹出"建立选区"面板，单击"确定"按钮，设置前景色（其R、G、B的值分别为48、61、46），按住Alt+Delete组合键为选区添加颜色，如图3-43所示。单击"图层"控制面板下方的"添加图层样式"按钮，单击"描边"，将描边大小改为"20像素"，位置为"外部"，设置填充颜色（其R、G、B的值分别为130、30、31），如图3-44所示。

图3-42

图3-43

图3-44

（12）选择移动工具，选择刚绘制的椭圆，按住Alt键的同时长按鼠标左键，将图形复制，放在合适的位置，如图3-45所示。

（13）单击"图层"控制面板下方的"创建新图层"按钮，在工具箱中单击钢笔工具，绘制一个闭合路径，如图3-46所示。按Ctrl+Enter组合键，将路径转换为选区，弹出"建立选区"面板，单击"确定"按钮，设置前景色（其R、G、B的值分别为130、30、31），按住Alt+Delete组合键为选区添加颜色，如图3-47所示。单击"编辑"→"变化"，将图形"水平翻转"，放到合适位置。

图3-45

图3-46

图3-47

（14）选择椭圆工具，按住鼠标左键不放，绘制合适大小的椭圆，选择前景色面板，选择填充颜色（其R、G、B的值分别为235、158、113），按Alt+Delete组合键，为图形填充颜色，设置描边颜色（其R、G、B的值分别为130、30、31），如图3-48所示。选择移动工具，选择刚绘制的椭圆，按住Alt键的同时长按鼠标左键，将图形复制，放在合适的位置，如图3-49所示。

（15）单击"图层"控制面板下方的"创建新图层"按钮，命名为"翅膀"，将图层放到"帽子"图层下方。在工具箱中单击"钢笔工具"，绘制一个闭合路径，如图3-50所示。按Ctrl+Enter组合键，将路径转换为选区，弹出"建立选区"面板，单击"确定"按钮。设置前景色颜色（其R、G、B的值分别为137、192、208），按住Alt+Delete组合键为选区添加颜色，单击"图层"控制面板下方的"添加图层样式"按钮，单击"描边"，将描边大小改为"20像素"，位置为"外部"，设置填充颜色（其R、G、B的值分别为130、30、31），如图3-51所示。

图3-48

图3-49

图3-50

图3-51

（16）创建新图层，命名为"身体"。单击"钢笔工具"，绘制一个闭合路径，如图3-52所示。按Ctrl+Enter组合键，将路径转换为选区，弹出"建立选区"面板，单击"确定"按钮。设置前景色（其R、G、B的值分别为249、219、193），按住Alt+Delete组合键为选区添加颜色，单击"图层"控制面板下方的"添加图层样式"按钮，单击"描边"，将描边大小改为"20像素"，位置为"外部"，设置填充颜色（其R、G、B的值分别为130、30、31），如图3-53所示。

（17）创建新图层，命名为"衣服"。单击"钢笔工具"，绘制一个闭合路径，如图3-54所示。按Ctrl+Enter组合键，将路径转换为选区，弹出"建立选区"面板，单击"确定"按钮。设置前景色（其R、G、B的值分别为70、53、48），按住Alt+Delete组合键为选区添加颜色。单击"图层"控制面板下方的"添加图层样式"按钮，单击"描边"，将描边大小改为"20像素"，位置为"外部"，设置填充颜色（其R、G、B的值分别为130、30、31），如图3-55所示。

图 3–52　　　　　图 3–53　　　　　图 3–54　　　　　图 3–55

（18）创建新图层，命名为"衣服条纹"。单击"钢笔工具"，绘制一个闭合路径，如图 3–56 所示。按 Ctrl + Enter 组合键，将路径转换为选区，弹出"建立选区"面板，单击"确定"按钮。设置前景色（其 R、G、B 的值分别为 234、209、82），按 Alt + Delete 组合键为选区添加颜色，单击"图层"控制面板下方的"添加图层样式"按钮，单击"描边"，将描边大小改为"15 像素"，位置为"外部"，设置填充颜色（其 R、G、B 的值分别为 130、30、31），如图 3–57 所示。卡通人物制作完成，效果如图 3–58 所示。

图 3–56　　　　　　　　图 3–57　　　　　　　　图 3–58

拓展练习1　绘制风景主题手机壁纸

 练习知识要点

使用绘图工具和"添加图层样式"命令绘制手机壁纸背景；使用"创建剪贴蒙版"命令制作图片的剪贴蒙版效果；使用"自定形状工具"和多种图层样式命令制作手机主题元素。效果如图 3–59 所示。

拓展练习1——绘制风景主题手机壁纸

图 3–59

效果所在位置

云盘\Ch03\效果\拓展练习1\制作风景手机壁纸.psd。

拓展练习2　绘制卡通小动物

拓展练习2——
绘制卡通小动物

练习知识要点

选择工具栏中的"钢笔工具"逐一抠出"牛"的整个轮廓，然后使用"填充"命令为其填上颜色，效果如图3-60所示。

图3-60

效果所在位置

云盘\Ch03\效果\拓展练习2\绘制卡通小动物.psd。

项目评价

根据下表评分要求和评价准则，结合学习过程中的表现开展自我评价、系统评价、小组评价、组长评价、教师评价和企业评价等，并计算出最后得分。

评价项	评分要求	评价准则	分值	自我评价	系统评价	小组评价	组长评价	教师评价	企业评价	得分
基本素养	学习态度	上课出勤	缺勤全扣，迟到早退扣1分	4					√		
		回答问题	根据回答问题情况统计得分	3					√		
	学习能力	高效学习力	学习效率高，不拖拉	2			√				
		学习调整力	根据自身学习情况调整学习进度	2			√				

续表

评价项	评分要求		评价准则	分值	自我评价	系统评价	小组评价	组长评价	教师评价	企业评价	得分
知识与技能	知识要求	知识学习	在线课程学习情况	5		√					
		知识训练	在线测试分值	5		√					
	技能要求	技能学习	完成技能思维导图	5					√		
		技能训练	快速、准确完成课内训练	5					√		
岗位素养	任务完成	按时提交	在时间点内提交	5	√						
		内容完成	根据完成情况赋分	15			√				
		作品效果	根据作品创新性、创意性、科学性赋分	20			√			√	
	身心素养	劳动层面	按工作流程完成作品	5	√						
		心理层面	调整心理状态，进行情绪管理，完成作品	5	√						
职业素养	思想素养	总结作品思想主旨	能总结出本项目的思想主旨	2			√				
		扩展作品思想主旨	能结合作品说出新的设计思路与主旨	2			√				
	道德素养	协作与沟通	根据协作情况与沟通顺畅度赋分	5					√		
		传播正能量	作品融入正能量，积极健康、乐观向上	10					√		
合计				100							

项目四

图像调整的应用

本项目主要介绍调整图像的色彩与色调的方法和技巧。读者通过本项目的学习，可以根据不同的需要，应用多种调整命令对图像的色彩或色调进行细微的调整，还可以对图像进行特殊颜色的处理。

知识目标

- 运用命令对图像进行特殊颜色处理。
- 了解1+X数字影像处理中级技能考试相关要求。
- 为考取1+X数字影像处理中级证书做知识储备。

能力目标

- 掌握调整图像颜色的方法和技巧。
- 掌握"五彩的羊驼"的制作方法。
- 掌握数字影像处理技能证书中级考核的技能。

素质目标

- 提升对色彩的设计敏感度。
- 具有规划、执行、反思的工作意识。
- 具备有效解决数字影像处理问题的职业能力。

4.1 图像色调的调整

应用亮度/对比度、色阶、曲线、曝光度等命令调整图像的颜色。

4.1.1 亮度/对比度

"亮度/对比度"命令是调整图像色调最简单的办法，利用它可以一次性调整图像中所有像素（包括高光、暗调和中间调）的亮度和对比度，但可能会丢失图像的细节部分。"亮度/对比度"调整的是整个图像的色彩。

打开一幅图像，如图4-1所示，选择"图像"→"调整"→"亮度/对比度"命令，如图4-2所示，单击"确定"按钮，效果如图4-3所示。

图 4-1　　　　　　　　　图 4-2　　　　　　　　　图 4-3

4.1.2　色阶

"色阶"命令用于调整图像的对比度、饱和度及灰度。可将滑块拖向要增加的颜色或将滑块拖离要在图像中减少的颜色。

打开一幅图像，如图 4-4 所示，选择"图像"→"调整"→"色阶"命令，或使用 Ctrl+L 组合键，弹出"色阶"对话框。对话框从左至右是从暗到亮的像素分布，黑色三角代表最暗地方（纯黑），白色三角代表最亮地方（纯白），灰色三角代表中间调。将滑块调整至相应位置，如图 4-5 所示。单击"确定"按钮，效果如图 4-6 所示。

图 4-4　　　　　　　　　图 4-5　　　　　　　　　图 4-6

在对话框中间是一个直方图，其横坐标为 0~255，表示亮度值；纵坐标为图像的像素数。

输入色阶：用于控制图像选定区域的最暗色彩和最亮色彩，通过输入数值或拖曳三角滑块来调整图像。左侧的数值框和黑色滑块用于调整黑色，图像中低于该亮度值的所有像素将变为黑色。中间的数值框和灰色滑块用于调整灰度，其数值范围在 0.1~9.99，1.00 为中性灰度。该数值大于 1.00 时，将降低图像中间灰度；该数值小于 1.00 时，将提高图像中间灰度。右侧的数值框和白色滑块用于调整白色，图像中大于该亮度值的所有像素将变为白色。

调整"输入色阶"选项的 3 个滑块后，图像产生的不同色彩效果如图 4-7 所示。

输出色阶：可以通过输入数值或拖曳三角滑块来控制图像的亮度范围。左侧数值框和黑色滑块用于调整图像的最暗像素的亮度；右侧数值框和白色滑块用于调整图像的最亮像素的亮度。输出色阶的调整将增加图像的灰度，降低图像的对比度。

调整"输出色阶"选项的黑色滑块后，图像产生的色彩效果如图 4-8 所示。

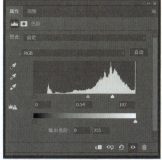

图 4-7

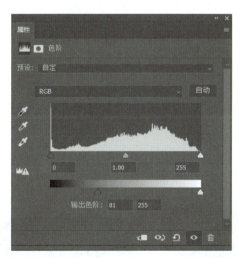

图 4-8

调整"输出色阶"选项的白色滑块后,图像产生的色彩效果如图 4-9 所示。

自动:可自动调整图像并设置层次。

选项:单击此按钮,弹出"自动颜色校正选项"对话框,系统将以 0.10% 的数据量使图像加亮和变暗。

取消:按住 Alt 键,"取消"按钮转换为"复位"按钮,单击此按钮可以将刚调整过的色阶复位还原,然后可重新进行设置。

图 4-9

![吸管工具]：分别为黑色吸管工具、灰色吸管工具和白色吸管工具。选中黑色吸管工具，在图像中单击，图像中暗于单击点的所有像素都会变为黑色；选中灰色吸管工具，在图像中单击，单击点的像素都会变为灰色，图像中的其他颜色也会相应地调整；选中白色吸管工具，在图像中单击，图像中亮于单击点的所有像素都会变为白色。

预览：勾选此复选框，可以即时显示图像的调整结果。

4.1.3 曲线

"曲线"命令可以通过调整图像色彩曲线上的任意一个像素点来改变图像的色彩范围。下面将进行具体讲解。

打开一幅图像，如图 4-10 所示，选择"图像"→"调整"→"曲线"命令或按 Ctrl + M 组合键，弹出"曲线"对话框，使用"编辑点以修改曲线"命令，在图表曲线上单击，以增加控制点，通过拖曳控制点来改变曲线的形状，以调整图像效果，如图 4-11 所示，调整后的效果如图 4-12 所示。

 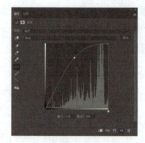 

图 4-10　　　　　　　　图 4-11　　　　　　　　图 4-12

图表中的 X 轴为色彩的输入色阶，Y 轴为色彩的输出色阶。曲线代表了输入色阶和输出色阶之间的关系。

通过绘制来修改曲线：可以在图表中绘制出任意曲线，单击右侧的"平滑"按钮可使曲线变得光滑。按住 Shift 键的同时使用此工具，可以绘制出直线。

"输入"和"输出"选项的数值显示的是图表中鼠标指针所在位置的色阶值。

自动：可自动调整图像的亮度。设置不同的曲线，图像效果如图 4-13 所示。

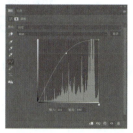
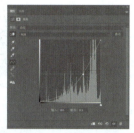
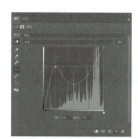
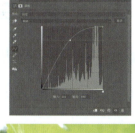

图 4-13

4.1.4　曝光度

利用"曝光度"命令可以模拟照相机的"曝光"效果，该命令主要用于提高图像局部区域的亮度，弥补由于高度范围的限制导致图像暗淡不能清晰显示的缺陷。

打开一幅图像，如图 4-14 所示，选择"图像"→"调整"→"曝光度"命令，弹出"曝光度"对话框。在对话框中进行设置，如图 4-15 所示。单击"确定"按钮，即可调整图像的曝光度，效果如图 4-16 所示。

图 4-14　　　　　　　　　图 4-15　　　　　　　　　图 4-16

"曝光度"对话框中各选项的含义如下。

位移：使阴影和中间调的像素变暗或变亮，对高光像素的影响轻微。

灰度系数校正：使用简单的乘方函数调整图像的灰度系数。

吸管工具：分别单击"在图像中取样以设置黑场"按钮、"在图像中取样以设置灰场"

按钮和"在图像中取样以设置白场"按钮,然后在图像中最亮、中间亮度或最暗的位置单击鼠标,可使图像整体变暗或变亮。

4.1.5 课堂案例——制作滤镜照片

课堂案例——
制作滤镜照片

案例学习目标

学习使用图像调整菜单下的命令调整图像的颜色。

案例知识要点

使用"色阶"命令、"曲线"命令和"亮度/对比度"命令调整图像的颜色,效果如图 4-17 所示。

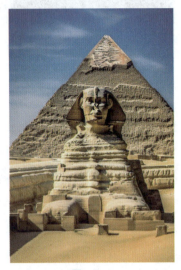

图 4-17

效果所在位置

云盘\Ch04\效果\4.1 制作滤镜照片\制作滤镜照片效果.jpeg。

素材所在位置

云盘\Ch04\素材\4.1 制作滤镜照片\制作滤镜照片.jpeg。

4.2 图像色彩的调整

4.2.1 色相/饱和度

使用"色相/饱和度"命令可以对图像的色相、饱和度、亮度进行调整,从而达到改变图像色彩的目的。打开一幅图像,如图 4-18 所示,选择"图像"→"调整"→"色相"→"饱和度"命令或按 Ctrl + U 组合键,弹出"色相/饱和度"对话框。在对话框中进行设置,如图 4 – 19 所示,单击"确定"按钮后,图像效果如图 4 – 20 所示。对话框中相关选项的含义如下。

图 4 – 18

图 4 – 19

全图:在其下拉列表中可以选择调整范围,系统默认选择"全图"选项,即对图像中的所有颜色有效;也可以选择对单个颜色进行调整,有红色、黄色、绿色、青色、蓝色、洋红选项。

着色:用于在由灰度模式转化而来的色彩模式图像中添加需要的颜色。

色相数值框:通过拖曳滑块或输入数值,可以调整图像中的色相。

饱和度数值框:通过拖曳滑块或输入数值,可以调整图像中的饱和度。

明度数值框:通过拖曳滑块或输入数值,可以调整图像中的明度。

打开一幅图像,如图 4 – 21 所示,在"色相/饱和度"对话框中进行设置,勾选"着色"复选框,如图 4 – 22 所示,单击"确定"按钮后,图像效果如图 4 – 23 所示。

图 4 – 20

图 4 – 21

图 4 – 22

图 4 – 23

提示

按住 Alt 键,"色相/饱和度"对话框中的"取消"按钮转换为"复位"按钮,单击"复位"按钮,可以重新对"色相/饱和度"对话框进行设置。

4.2.2 色彩平衡

"色彩平衡"命令通过更改图像的颜色的补色(增加或减少相应的颜色)来校正图像色偏。在使用"色彩平衡"命令前,要了解互补色的概念,这样可以更快地掌握"色彩平衡"命令的使用方法。

所谓互补,就是图像中一种颜色成分的减少,必然导致它的互补色成分的增加,绝不可能出现一种颜色和它的互补色同时增加的情况;另外,每一种颜色都可以由它的相邻颜色混合得到,例如,绿色的互补色洋红色是由绿色和红色重叠混合而成的,红色的互补色青色是由蓝色和绿色重叠混合而成的。

打开一幅图像,如图 4-24 所示,选择"图像"→"调整"→"色彩平衡"命令或按 Ctrl + B 组合键,弹出"色彩平衡"对话框,调整"阴影""中间调""高光"参数,如图 4-25 所示。设置不同的色彩平衡后,图像效果如图 4-26 所示。

图 4-24

图 4-25

图 4-26

色彩平衡：通过添加过渡色来平衡色彩效果，拖曳滑块可以调整整个图像的色彩，也可以在"色阶"选项的数值框中输入数值来调整图像的色彩。

色调平衡：用于设置图像的阴影、中间调和高光。

保持明度：用于保持原图像的亮度。

4.2.3 课堂案例——制作五彩的羊驼

课堂案例——
制作五彩的羊驼

案例学习目标

学习使用"色相/饱和度"命令和"色彩平衡"命令调整图像的颜色。

案例知识要点

使用"色相/饱和度"命令和"色彩平衡"命令调整图像的颜色，效果如图 4-27 所示。

图 4-27

效果所在位置

云盘\Ch04\效果\4.2.3 制作五彩的羊驼\制作五彩的羊驼效果.jpeg。

素材所在位置

云盘\Ch04\效果\4.2.3 制作五彩的羊驼\制作五彩的羊驼.jpeg。

4.2.4 去色

"去色"命令能够去除图像中的颜色，从而得到一幅灰度图像的效果。选择"图像"→"调整"→"去色"命令或按 Ctrl + Shift + U 组合键，可以去掉图像中的颜色，使图像变为灰度图，但图像的色彩模式并不改变。

打开一幅图像，如图 4-28 所示，选择"图像"→"调整"→"去色"命令，效果如图 4-29 所示。

图 4-28　　　　　　　　　　图 4-29

4.2.5　反相

选择"图像"→"调整"→"反相"命令或按 Ctrl + Shift + I 组合键，可以将图像或选区的像素反转为其补色，使其出现底片效果。不同色彩模式的图像反相后的效果如图 4-30 所示。

原始图像效果　　　　RGB 色彩模式反相后的效果　　　CMYK 色彩模式反相后的效果

图 4-30

提示

> 反相效果是对图像的每一个色彩通道进行反相后的合成效果，不同色彩模式的图像反相的效果是不同的。

4.2.6　阈值

黑白图像不同于灰度图像，灰度图像有黑、白及黑到白过渡的 256 级灰，而黑白图像仅有黑色和白色两个色调。要将一幅图像转换成为黑白色调图像，可以选择"图像"→"调整"→"阈值"命令，"阈值"命令可以提高图像色调的反差度。

打开一幅图像，如图 4-31 所示，选择"图像"→"调整"→"阈值"命令，弹出"阈值"对话框。在对话框中拖曳滑块（滑块越向右偏移，"阈值色阶"数值越大，所得到的图像中黑色区域越大，反之，得到的图像中白色区域越大）或在"阈值色阶"选项的数值框中输入数值，如图 4-32 所示，可以改变图像的阈值。单击"确定"按钮，图像效果如图 4-33 所示。

项目四 图像调整的应用

图4-31

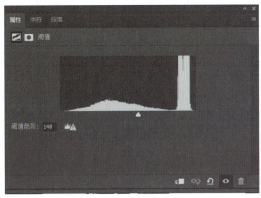

图4-32

图4-33

4.2.7 课堂案例——制作小猫版画

 习题知识要点

使用"阈值"命令调整图像效果,原始图像如图4-34所示,调整后的图像效果如图4-35所示。

课堂练习——
制作小猫版画

图4-34

图4-35

效果所在位置

云盘\Ch04\效果\4.2.7 制作小猫版画\制作小猫版画。

4.3 数字影像处理技能考试

4.3.1 数字影像处理技能证书中级考核要求

1. 技能要求

数字影像处理(中级):能够熟练掌握产品和人物影像处理的技术要领,清晰识别不同商业应用领域的标准要求，熟练应用美学及商业规范，精确把握对象形态，深度处理图像的光感、质感和色感，有效营造图像的影调风格，大幅提升图像的整体观感。可面向广告宣传、时尚媒介、人物写真等图像处理领域。

2. 考核方式

考核方式为闭卷机考考试。考试内容分为客观题和主观题两大部分。考试总时长为 2 个小时，考试时间由客观题答题时间和主观实操题时间两部分组成。考试总分为 100 分，其中，客观题 40 分，主观题 60 分。总成绩达到 60 分及以上的学员可以获得相应级别的职业技能等级证书。

3. 评分方式

（1）客观题考试。

客观题考试包括单选题、多选题、判断题。请根据系统提示完成答题。其中，考试系统会在题库中随机抽取考题组卷，单次考试包括：单选题，每道题 1 分，共 10 道题；多选题，每道题 2 分，共 10 道题；判断题，每道题 1 分，共 10 道题。

（2）主观题考试。

主观题考试为命题式自主创作，根据题干要求完成处理后，提交文件格式为 JPG，大小不超过 20 MB 的图像。

（3）考试要求。

需综合使用数字影像处理技能完成考核项目。

技术运用能力：技能包括且不限于修瑕、图层、抠图、蒙版、调色。

细节处理能力：选区边缘准确、羽化适量、处理程度适中等，并且画面无明显原始瑕疵或操作瑕疵。

色彩控制能力：调色处理程度适中，画面色彩统一协调，产品及人物不偏色。

创新能力：例如，在图像处理完成后，使用滤镜、矢量绘图、文字排版等效果及技能，完成商业广告，均属于创新加分项，可根据自身能力和项目需要酌情添加。

图像可商用性：如有处理硬伤，即认定为无法商用，此项不得分。

主观实操题评分标准如下：

序号	评分项	分值
1	技术运用能力	20
2	细节处理能力	20
3	色彩控制能力	10
4	创新能力	5
5	图像可商用性	5

4.3.2 数字影像处理技能证书中级客观题模拟训练

（一）单选题

1. 以下（　　）模式特指"黑白图片"。（C）
   A. RGB 颜色　　　B. 索引颜色　　　C. 灰度　　　D. Lab 颜色
2. 下面（　　）在作用后可以整体进行对齐和分布。（B）
   A. 调节图层　　　B. 链接图层　　　C. 填充图层　　　D. 背景图层
3. 数字照片图像最基本的组成单元是（　　）。（C）
   A. 节点　　　B. 色彩　　　C. 像素　　　D. 路径
4. 准备将图像进行印刷品输出，则应该将文件设为（　　）色彩模式。（B）
   A. RGB　　　B. CMYK　　　C. HSB　　　D. Lab
5. 能够进行视图放缩的工具是（　　）。（D）
   A. 选区工具　　　B. 裁剪工具
   C. 手形工具　　　D. 缩放工具
6. 图像中通过色彩深度可以计算出（　　）的数量。（B）
   A. 亮度　　　B. 颜色　　　C. 饱和度　　　D. 灰度
7. 下列（　　）可以选择连续的相似颜色区域。（C）
   A. 矩形选择工具　　　B. 椭圆选择工具
   C. 魔术棒工具　　　D. 路径工具
8. Alpha 通道最主要的用途是（　　）。（D）
   A. 创建新通道　　　B. 保存图像色彩信息
   C. 为路径提供通道　　　D. 存储和建立选择范围
9. 下列（　　）文件格式不支持透明像素的存储。（B）
   A. PNG　　　B. JPEG　　　C. PSD　　　D. GIF
10. 下列（　　）格式只支持 256 色。（A）
    A. GIF　　　B. JPEG　　　C. TIFF　　　D. PCX
11. 256 级灰度的 Alpha 通道相当于（　　）的灰度图。（B）
    A. 4 位　　　B. 8 位　　　C. 16 位　　　D. 32 位
12. RGB 色彩模式的图像有（　　）个颜色通道。（C）
    A. 1　　　B. 2　　　C. 3　　　D. 4
13. 图像的色彩模式中拥有最大色域的是（　　）模式。（C）
    A. RGB　　　B. HSB　　　C. Lab　　　D. CMYK
14. 下列（　　）色彩模式最多支持 256 色，可以最大限度地压缩图像。（D）
    A. Lab　　　B. RGB　　　C. CMYK　　　D. 索引颜色
15. 两个临近的图层之间创建剪贴蒙版后，以下说法正确的是（　　）。（D）
    A. 下层为剪贴蒙版　　　B. 上层为显示图层
    C. 被剪贴掉的图像部分无法被恢复　　　D. 被剪贴掉的图像部分可以被恢复

16. 移动图层中的图像时，如果每次需要移动 10 个像素的距离，应按（ ）功能键。（A）

   A. 按住 Shift 键的同时按键盘上的箭头键　　B. 按住 Alt 键的同时按键盘上的箭头键

   C. 按住 Tab 键的同时按键盘上的箭头键　　D. 按住 Ctrl 键的同时按键盘上的箭头键

17. 当图像偏蓝时，使用"照片滤镜"调色功能给图像增加（ ）。（C）

   A. 蓝色　　　　B. 绿色　　　　C. 黄色　　　　D. 洋红

18. 下面（ ）调整命令可提供最精确的亮度调整。（D）

   A. 亮度/对比度　　　　　　　　　B. 色阶

   C. 色彩平衡　　　　　　　　　　D. 曲线

19. 填充图层不包括（ ）。（D）

   A. 单色填充图层　　　　　　　　B. 渐变填充图层

   C. 图案填充图层　　　　　　　　D. 快照填充图层

20. 若一幅图像在扫描时放反了方向，使图头朝下了，以下（ ）操作最为便捷，并可以将图像调整正确。（B）

   A. 将扫描后的图像在软件中垂直翻转一下　　B. 将扫描后的图像在软件中旋转 180°

   C. 重扫一遍　　　　　　　　　　D. 以上都不对

21. 下面（ ）格式是有损的压缩。（D）

   A. RLE　　　　B. TIFF　　　　C. LZW　　　　D. JPEG

22. 下列（ ）命令用来调整图像的偏色。（C）

   A. 色调均化　　　　　　　　　　B. 阈值

   C. 色彩平衡　　　　　　　　　　D. 亮度/对比度

23. 以下对 Web 图像的描述，错误的是（ ）。（A）

   A. GIF 是基于索引色表的图像格式，它可以支持千万种颜色

   B. JPEG 适用于诸如照片之类的具有丰富色彩的图像

   C. JPEG 和 GIF 都是压缩文件格式

   D. GIF 支持动画，而 JPEG 不支持

24. 在 RGB 图像中，通道中不包含的通道是（ ）。（D）

   A. 红通道　　　　B. 绿通道　　　　C. 蓝通道　　　　D. 白通道

25. 在制作网页图像时，如果文件中有大面积相同的颜色，存储为（ ）格式文件最小。（A）

   A. GIF　　　　B. EPS　　　　C. JPEG　　　　D. TIFF

(二) 多选题

1. 下面描述中，（ ）是图层剪贴路径所具有的特征。（ABC）

   A. 相当于是一种具有矢量特性的蒙版

   B. 是由钢笔工具或图形工具来创建的

   C. 可以转化为图层蒙版

   D. 和图层蒙版具有完全相同的特性，都可以用画笔直接绘制

2. 如果在图像中存在透明信息，为了将其保留下来，可以保存为（　　）格式。（AD）

A. PSD B. JPG
C. BMP D. PNG

3. 下面是创建选区时常用的功能，描述正确的是（　　）。（AC）

A. 按住 Alt 键的同时单击工具箱的选择工具，就会切换不同的选择工具

B. 选择矩形选区工具，按住 Ctrl 键的同时拖曳鼠标，可得到正方形的选区

C. 选择矩形选区工具，按住 Alt 和 Shift 键拖曳鼠标，可以形成以鼠标落点为中心的正方形选区

D. 选择矩形选区工具，按住 Shift 键拖曳鼠标，可以形成以鼠标的落点为中心的矩形选区

4. 如果某图层存在透明区域，要对其中的所有不透明区域进行填充，（　　）。（CD）

A. 可直接通过快捷键 Ctrl + M 进行填充

B. 透明区域不能被填充，所以对不透明区域的任何操作都不会影响透明区域

C. 将"图层"面板中表示保护透明的图标选中后进行填充

D. 执行"编辑"→"填充"菜单命令，在弹出的"填充"对话框中，将"保留透明区域"选中后，可以保护透明区域不受影响

5. 下面对渐变填充工具功能的描述，正确的是（　　）。（ACD）

A. 如果在不创建选区的情况下填充渐变色，渐变工具将作用于整个图像

B. 不能将设定好的渐变色存储为一个渐变色文件

C. 可以编辑渐变颜色的数量，实现两色、三色和多色效果

D. 通过调节渐变参数，也可以实现纯色填充的效果

6. 在设计一个渐变效果时，渐变可以被编辑的部分是（　　）。（ABC）

A. 渐变颜色 B. 渐变不透明度
C. 渐变滑块位置 D. 渐变混合模式

7. 下列操作能删除当前图层的是（　　）。（ABCD）

A. 在图层面板右上角的菜单中选择"删除图层"命令

B. 直接按 Delete 键

C. 将此图层用鼠标拖曳至"图层"面板的垃圾桶图标上

D. 直接按 Backspace 键

(三) 判断题

1. 在图层操作中，只有最底层才可以设置为背景图层。（B）

A. 正确 B. 错误

2. Alpha 通道只能以黑白灰的灰度方式显示。（A）

A. 正确 B. 错误

3. 在使用"图层"→"拼合图像"命令合并图层时，一定会将隐藏的图层全部删除。（B）

A. 正确 B. 错误

4. 选区和路径都必须是封闭的。（B）

A. 正确　　　　　　　　　　　　B. 错误

5. 在调色时,"色阶"命令只能够调整图像的明暗变化,而不能调整图像的色彩。(B)

A. 正确　　　　　　　　　　　　B. 错误

6. 在一个图像制作完成后,其色彩模式允许再发生变化。(A)

A. 正确　　　　　　　　　　　　B. 错误

7. 在创建一个选区之后,如果需要移动该选区的位置,可用移动工具进行移动。(B)

A. 正确　　　　　　　　　　　　B. 错误

8. 像素是组成位图图像的最基本单元。(A)

A. 正确　　　　　　　　　　　　B. 错误

9. 在图层操作中,所有层都可改变不透明度。(B)

A. 正确　　　　　　　　　　　　B. 错误

4.3.3　主观题模拟训练1——合成图像

1. 案例分析

本案例是图像合成,使用"滤镜""去色""图层蒙版""渐变"等工具,为图片去除杂色并为图像添加效果。

主观题模拟训练1——合成图像

2. 案例设计

本案例将素材"云""山""船"进行合成,要求和谐统一,融合自然,突出小船在云山雾绕中前行的效果。

3. 案例制作

(1) 背景气氛制作。

按Ctrl + O组合键,打开"云盘\Ch04\素材\4.3.3合成图像\云",如图4 – 36所示。按Ctrl + O组合键,打开"云盘\Ch04\素材\4.3.3合成图像\山",如图4 – 37所示。选择"滤镜"→"杂色"→"减少杂色"命令为素材去除杂色,参数如图4 – 38所示。

图4 – 36

图4 – 37

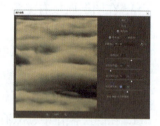
图4 – 38

(2) 新建宽度为"32.3厘米",高度为"19厘米"的画布,命名为"图像合成"。将"云"素材中的下半部分框选并复制至"图像合成"画布中,命名为"云",效果如图4 – 39所示。将"山"素材中的山体抠出并复制至"图像合成"画布中,命名为"山",效果如图4 – 40所示。

(3) 选择"图像"→"调整"→"去色"命令或按Ctrl + Shift + U组合键为图像去色;为"云""山"图层分别添加图层蒙版,将前景色调整为黑色,选择"画笔工具",调整"不透明度",在图层蒙版上涂抹,将图层边缘进行柔化;选择"滤镜"→"模糊"→"高斯模糊"命令为素材添加模糊,效果如图 4-41 所示。

图 4-39

图 4-40

图 4-41

(4)按 Ctrl+O 组合键,打开"云盘\Ch04\素材\4.3.3 合成图像\大雁",如图 4-42 所示,将大雁抠出并复制于"图像合成"画布中;按 Ctrl+O 组合键,打开"云盘\Ch04\素材\4.3.3 合成图像\船",如图 4-43 所示,将其放于"图像合成"画布中。效果如图 4-44 所示。

图 4-42

图 4-43

图 4-44

(5)气氛润色完成。

为"图像合成"画布添加渐变背景,使用"椭圆选框工具"绘制圆月,按 Ctrl+O 组合键,打开"云盘\Ch04\素材\4.3.3 合成图像\水"放置于云层上,为云层增添水光效果。"图像合成"案例操作完成,效果如图 4-45 所示。

图 4-45

主观题模拟训练 2——数字影像修图

4.3.4 主观题模拟训练 2——数字影像修图

1. 案例分析

本案例是人物修图。使用"修补工具""仿制图章工具""污点修复画笔工具"及"曲线"命令，去除照片中的杂物以及调整画面的色相。

2. 案例设计

本案例设计流程如图4－46所示。

图4－46

3. 案例制作

（1）选择工具栏中的"修补工具"或"仿制图章工具"去除地面垃圾。图像效果如图4－47所示。

（2）选择工具栏中的"修补工具"或"仿制图章工具"去除地面斜线。图像效果如图4－48所示。

（3）选择工具栏中的"污点修复画笔工具"去除人物脸上斑点。图像效果如图4－49所示。

图4－47　　　　　图4－48　　　　　图4－49

（4）提亮肤色。选择工具栏中的"快速选择工具"选中裸露在外的皮肤，运用"曲线"命令将皮肤调整成正常的颜色。其中，腿，输出：200，输入：125，效果如图4－50所示示；输出：106，输入：38，效果如图 4-51 所示。脸，输出：189，输入：137，效果如图 4-52 所示；输出：124，输入：61，效果如图 4-53 所示。胳膊，输出：181，输入：125，效果如图 4-54 所示；输出：75，输入：35，效果如图 4-55 所示。

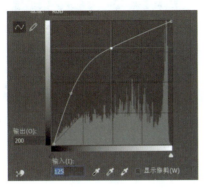

图 4-50

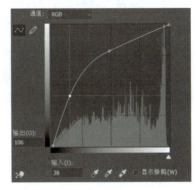

图 4-51

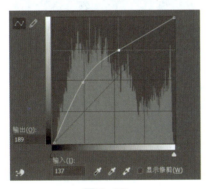

图 4-52

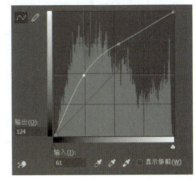

图 4-53

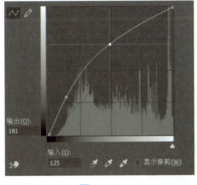

图 4-54

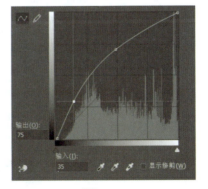

图 4-55

（5）调整背景颜色。选择工具栏中的"快速选择工具"选中天空，运用"曲线"命令将天空调整成正常的颜色。设置输出：233，输入：133，效果如图 4-56 所示；输出：50，输入：15，效果如图 4-57 所示。

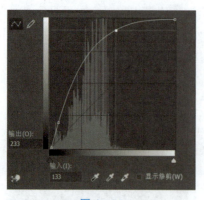
图4-56

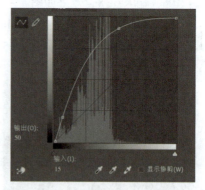
图4-57

(6)调整图像整体色调。选择菜单栏"图像"→"调整"→"曲线"命令,设置输出:188,输入:144,效果如4-58所示;输出:83,输入:40,效果如图4-59所示。

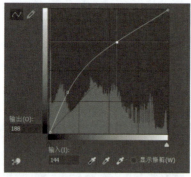
图4-58

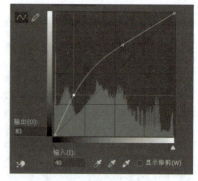
图4-59

(7)按Shift+Ctrl+S组合键调出"存储为"界面,将原文件存储为PSD格式。数字影像修图制作完成,效果如图4-60所示。

图4-60

拓展练习　制作化妆品宣传海报

拓展案例——制作
化妆品宣传海报

习题知识要点

导入素材，制作化妆品宣传海报，使用"色阶""模糊""渐变""图层样式"等命令深度处理图像的光感、质感和色感，达到产品宣传的效果。

素材所在位置

云盘\Ch04\素材\香水、花草。

效果所在位置

云盘\Ch04\效果\制作化妆品宣传海报.psd。
效果如图4-61所示。

图4-61

项目评价

根据下表评分要求和评价准则，结合学习过程中的表现开展自我评价、系统评价、小组评价、组长评价、教师评价和企业评价等，并计算出最后得分。

评价项	评分要求	评价准则	分值	自我评价	系统评价	小组评价	组长评价	教师评价	企业评价	得分
基本素养	学习态度	上课出勤	缺勤全扣，迟到早退扣1分	4					√		
		回答问题	根据回答问题情况统计得分	3					√		
	学习能力	高效学习力	学习效率高，不拖拉	2			√				
		学习调整力	根据自身学习情况调整学习进度	2			√				
知识与技能	知识要求	知识学习	在线课程学习情况	5		√					
		知识训练	在线测试分值	5		√					
	技能要求	技能学习	完成技能思维导图	5					√		
		技能训练	快速、准确完成课内训练	5					√		
岗位素养	任务完成	按时提交	在时间点内提交	5	√						
		内容完成	根据完成情况赋分	15			√				
		作品效果	根据作品创新性、创意性、科学性赋分	20			√			√	
	身心素养	劳动层面	按工作流程完成作品	5	√						
		心理层面	调整心理状态，进行情绪管理，完成作品	5	√						
职业素养	思想素养	总结作品思想主旨	能总结出本项目的思想主旨	2			√				
		扩展作品思想主旨	能结合作品说出新的设计思路与主旨	2			√				
	道德素养	协作与沟通	根据协作情况与沟通顺畅度赋分	5				√			
		传播正能量	作品融入正能量，积极健康、乐观向上	10				√			
合计				100							

项目五

文字工具与图层工具的应用

本项目主要介绍 Photoshop 中文字与图层的应用技巧。读者通过本项目的学习，可以快速掌握点文字、段落文字的输入方法，创建变形文字、路径文字的方法，以及应用图层制作出多变图像效果的技巧。

知识目标

- 掌握文字的输入与编辑方法。
- 掌握创建变形文字与路径文字的方法。
- 掌握运用图层的混合模式编辑图像的方法。
- 掌握图层样式的应用。
- 掌握运用图层蒙版编辑图像的方法。
- 掌握图层蒙版的应用。

能力目标

- 掌握"参观展会工作证"的制作方法。
- 掌握"企业画册"的制作方法。
- 掌握"光盘行动海报"的制作方法。
- 掌握"五一促销海报"的制作方法。

素质目标

- 养成系统性的学习与设计思维。
- 树立绿色、环保、健康的理念。
- 具备遵守法律，尊重版权的职业道德。

5.1 文字工具的应用

在 Photoshop 中，系统提供了 4 种文字工具："横排文字工具""直排文字工具""直排文字蒙版工具"和"横排文字蒙版工具"，如图 5-1 所示。

图 5-1

5.1.1　点文字与段落文字

利用文字工具输入的文字具体分为两种：点文字和段落文字。点文字适合在文字数量较少的画面中使用，或用于制作特殊效果的文字，当作品中需要大量的文字时，应该使用段落文字。

1. 输入点文字

利用文字工具输入点文字时，输入的文字独立成行。行的长度随着文字的不断输入而增加，只有在按 Enter 键强制换行时，才能切换到下一行输入文字。

选择"横排文字工具"或"直排文字工具"，在文件中单击，出现插入点光标，然后选择一种输入法输入文字即可。

2. 输入段落文字

选择"横排文字工具"或"直排文字工具"，在文件中按住鼠标左键拖曳，绘制一个虚拟的矩形文本框，然后选择一种输入法输入文字即可，当文字输入至文本框边缘时，将自动换行，直至按 Enter 键强制换行为止。

如果输入的文字较多而文本框无法容纳时，在文本框的右下角会出现溢出符号，此时可以通过拖曳文本框周围的控制点来改变文本框的大小。或者改变字体的大小，使文本框能够容纳所有文字，如图 5-2 所示。

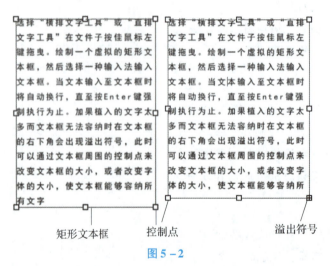

图 5-2

5.1.2　设置字符与段落文字

单击 Photoshop 横排文字工具属性栏上的字符按钮打开控制面板，单击"字符"选项卡，其主要功能是设置文字、字号、字型及字距或行距等参数，如图 5-3 所示；单击"段落"选项卡，其主要功能是设置段落对齐、换行方式等，如图 5-4 所示。

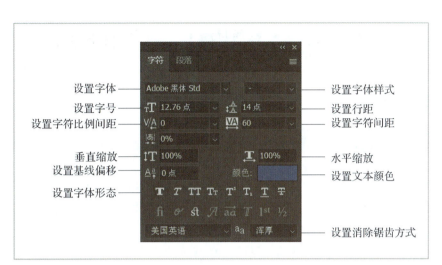

图 5-3

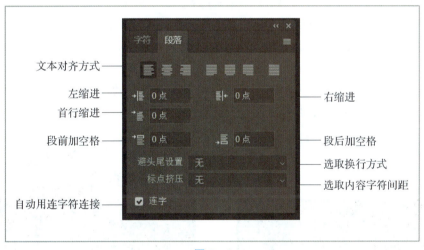

图 5-4

5.1.3 文字变形

可以根据需要将输入完成的文字进行各种变形。打开一幅图像，按 T 键，选择"横排文字工具"，在文字工具属性栏中设置文字的属性，将"横排文字工具"移动到图像窗口中，在图像窗口中单击，此时出现一个文字的插入点，输入需要的文字，文字将显示在图像窗口中。

单击文字工具属性栏中的"创建文字变形"按钮，弹出"变形文字"对话框，其中，"样式"选项中有 15 种文字的变形效果，制作出部分效果，如图 5-5 所示。

图 5-5

5.1.4 文字适配路径

Photoshop 本身所提供的文字排列形式往往不能满足设计需要，此时，可以利用文字沿着路径排列的特点，先用"钢笔工具"绘制形态各异的路径，然后用文字工具在路径边缘或内部单击来设置插入点，即可输入沿路径排列的文字。

（1）打开素材图像，激活"钢笔工具"，在其选项栏中选择"路径"模式，然后在画面中绘制如图 5-6 所示的路径。

（2）激活"横排文字工具"，设置合适的字体、字号及文字颜色，然后将鼠标指针移动至路径上单击，此处即为文字起点，路径的终点变为小圆圈，输入文字。

（3）将光标置入文字中，选中将要改变颜色的文字，然后在选项栏中选择所需的颜色即可完成。

（4）打开"字符"面板，可以改变字符间距及字符与路径之间的距离，使用"直接选择工具"调整路径的弧度与锚点的位置，如图 5-7 所示。

图 5-6　　　　　　　　　　　　　　　图 5-7

5.2　课堂案例 1——制作参观展会工作证

课堂案例——制作参观展会工作证

练习知识要点

使用横排文字工具添加文字，使用多种图层样式和渐变工具制作参观展会工作证。

素材所在位置

云盘\Ch05\素材\制作参观展会工作证。

5.2.1 案例设计

案例如图 5-8 所示。

新建并绘制背景

添加蓝色纹理及背景点缀

最终效果

图 5-8

5.2.2 案例制作

1. 制作背景

（1）按 Ctrl + N 组合键，弹出"新建"对话框，将"宽度"选项设为"1 181 像素"，"高度"选项设为"1 654 像素"，"分辨率"设为"72 像素/英寸"，颜色模式设为"RGB 颜色"，背景内容设为"白色"，单击"创建"按钮，新建一个文件。单击"渐变工具"，打开渐变编辑器，双击第一个色标，设为橙红色（其 R、G、B 的值分别为 255、105、56），双击第二个色标，设为橙黄色（其 R、G、B 的值分别为 255、204、52），单击"线性渐变"，从页面下方向上拖出渐变。效果如图 5-9 所示。

（2）选择"文件"→"置入"命令，弹出"置入"对话框，选择云盘中的"云盘\Ch05\素材\5.2 制作参观展会工作证\顶部装饰物、左下装饰物"文件，单击"置入"按钮，将图片置入图像窗口，并调整其位置、大小和角度，按 Enter 键确定操作，效果如图 5-10 所示。

（3）选择"文件"→"置入"命令，弹出"置入"对话框，选择云盘中的"云盘\Ch05\素材\5.2 制作参观展会工作证\背景网格"文件，单击"置入"按钮，将图片置入图像窗口中，并调整其位置、大小和角度，按 Enter 键确定操作，效果如图 5-11 所示。

（4）新建图层并将其命名为"圆球"。将前景色设为白色。选择"椭圆选框工具"，在图像中绘制椭圆，单击"渐变工具"，打开渐变编辑器，双击第一个色标，设为浅灰（其 R、G、B 的值分别为 235、235、235），双击第二个色标，设为白色（其 R、G、B 的值分别为 255、255、255），单击径向渐变，从右向左拖出渐变。添加图层样式"投影"，填充颜色为橙红色（其 R、G、B 的值分别为 238、100、40），投影参数设置为不透明度"27"，角度"30 度"，距离"8 像素"，大小"16 像素"。按 Alt 键拖曳复制一个"圆球"并调整其位置，选择"椭圆工具"和"矩形工具"，绘制背景点缀。效果如图 5-12 所示。

图 5-9　　　　　　　　图 5-10

图 5-11　　　　　　　　图 5-12

2. 添加文字

（1）选择"横排文字工具"，输入主题文字，字体设置为"方正粗黑宋简体"，字号为40点，填充颜色为白色。选择"矩形工具"，绘制矩形放在主题文字中，效果如图5-13所示。

（2）选择"横排文字工具"，输入时间和地点，字体设置为"Adobe 黑体 Std"，字号为10点，填充颜色为白色。效果如图5-14所示。

图 5-13　　　　　　　　图 5-14

(3) 选择"横排文字工具",输入其他文字,字体设置为"Adobe 黑体 Std",字号为 10 点,填充颜色为白色。效果如图 5-15 所示。

(4) 选择"钢笔工具",绘制路径,输入路径文字,字体设置为"Adobe 黑体 Std",字号为 7 点,填充颜色为白色。选择"矩形工具",绘制长 377 像素、宽 139 像素的矩形,选择描边,"像素 1",填充颜色为白色。效果如图 5-16 所示。

图 5-15

图 5-16

(5) 按 Ctrl + G 组合键,将主题文字,时间地点,其他文字,路径文字编组,重命名为"文字"。添加图层样式"投影",投影参数设置为不透明度"27",角度"30 度",距离"8 像素",大小"16 像素"。效果如图 5-17 所示。

(6) 选择"文件"→"置入"命令,弹出"置入"对话框,选择云盘中的"云盘\Ch05\素材\5.2 制作参观展会工作证\底部文案信息"文件,单击"置入"按钮,将图片置入图像窗口,并调整其位置、大小和角度,按 Enter 键确定操作。最终效果如图 5-18 所示。

图 5-17

图 5-18

(7) 按 Shift + Ctrl + S 组合键存储文件,将源文件存为 PSD 格式。参观展会工作证制作完成。

5.3 图层工具的应用

5.3.1 图层混合模式

图层混合模式是 Photoshop 中一项较突出的功能，在图层、图层样式、画笔、应用图像、计算等诸多地方都能看到它的身影。图层混合模式决定了当前图像中的像素如何与底层图像中的像素混合，使用好混合模式可以轻松获得一些特殊的效果。Photoshop 提供了多种混合模式，当两个图层重叠时，默认状态下为"正常"。在"图层"面板中单击"设置图层混合模式"的下三角按钮，从弹出的下拉列表中选择需要的模式，如图 5-19 所示。

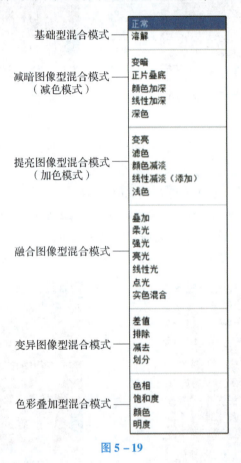

图 5-19

5.3.2 使用图层样式

在 Photoshop 中，通过为图层应用图层样式，可以制作一些丰富的图像效果。如水晶、金属和纹理等效果，都可以通过为图层设置投影、发光和浮雕等图层样式来实现。下面讲解对图层应用图层样式的方法，以及各图层样式的特点。

1. 添加图层样式

Photoshop 提供了 10 种图层样式效果，它们全都被列举在"图层样式"对话框的"样式"栏中，样式名称前有个复选框，当其为选中状态时，表示该图层应用了该样式，取消选中可停用样式。当用户单击样式名称时，将打开对应的设置面板，单击"确定"按钮即可完成图层样式的添加。

要添加图层样式，就需要先打开"图层样式"对话框，Photoshop 为用户提供了多种打开"图层样式"对话框的方法，其具体介绍如下。

通过命令打开：选择"图层"→"图层样式"命令，在打开的子菜单中选择一种图像样式命令，Photoshop 将打开"图层样式"对话框，并展开对应的设置面板。

通过按钮打开：在"图层"面板底部单击"添加图层样式"按钮，在打开的列表中选择需要创建的样式选项，即可打开"图层样式"对话框，并展开对应的设置面板。

通过双击图层打开：在需要添加图层样式的图层上双击，Photoshop 将打开"图层样式"对话框。

2. 斜面和浮雕

使用"斜面和浮雕"效果可以为图层添加高光和阴影的效果，让图像看起来更加立体生动。图 5-20 所示为"斜面和浮雕"设置面板。

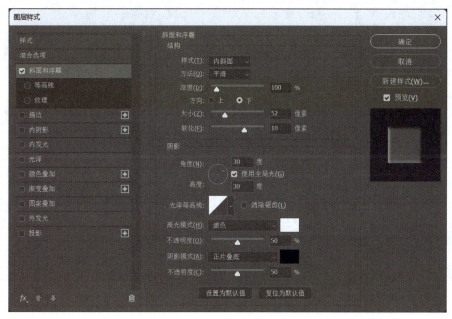

图 5-20

3. 外发光

使用"外发光"效果，可以沿图层图像边缘向外创建发光效果。

设置"外发光"后，可调整发光范围的大小、发光颜色，以及混合方式等参数。图 5-21 和图 5-22 所示为商品添加外发光图层样式的前后对比效果。

图 5－21　　　　　　　　　　　图 5－22

4. 投影

使用"投影"效果可为图层图像添加投影效果，常用于增加图像立体感。图 5－23 所示为"投影"设置面板，在该面板中可设置投影的颜色、大小、角度等参数。设置完成后，单击"确定"按钮可查看效果。

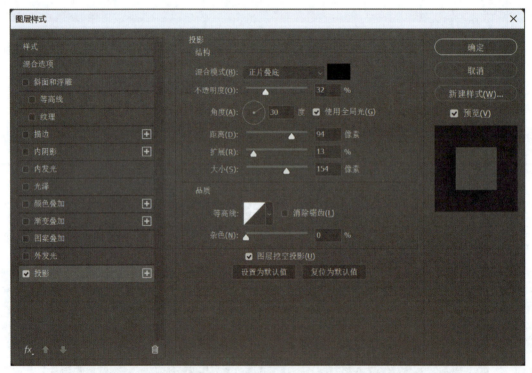

图 5－23

5.3.3　图层蒙版的应用

图层蒙版是指遮盖在图层上的一层灰度遮罩，通过使用不同的灰度级别进行涂抹，以设置其透明程度。图层主要用于合成图像，在创建调整图层、填充图层、智能滤镜时，Photoshop 也会自动为其添加图层蒙版，以控制颜色和滤镜范围。

图层蒙版是与分辨率相关的位图图像，可对图像进行非破坏性编辑，是图像合成中用途最为广泛的蒙版，下面将详细讲解如何创建和编辑图层蒙版。

1. 打开素材

启动 Adobe Photoshop 2022 软件，按 Ctrl+O 组合键，先后打开相关素材中的"帆船.jpg"和"瓶子.jpg"文件，如图 5-24 和图 5-25 所示。

图 5-24

图 5-25

2. 添加图层蒙版

在"图层"面板中，选择"帆船"图层，单击"添加图层蒙版"按钮或执行"图层"→"图层蒙版"→"显示全部"命令，为图层添加蒙版。此时蒙版颜色默认为白色，如图 5-26 及图 5-27 所示。

图 5-26

图 5-27

3. 编辑图层蒙版

选择蒙版缩览图，然后用黑色画笔在蒙版中涂抹多余的部分，如图 5-28 及图 5-29 所示。

图 5-28

图 5-29

5.4 课堂案例2——制作企业画册

课堂练习——
制作企业画册

练习知识要点

使用剪贴蒙版命令、矩形工具，使用横排文字工具和字符面板添加文字。

素材所在位置

云盘\Ch05\素材\5.4 制作企业画册。

效果所在位置

云盘\Ch05\效果\5.4 制作企业画册\制作企业画册.psd，效果如图5-30所示。

图5-30

5.4.1 案例设计

本案例先完成画册的封面设计，再完成内页设计。

5.4.2 案例制作

1. 制作画册封面

（1）按 Ctrl+N 组合键，弹出"新建"对话框，将"宽度"选项设为"21.0厘米"，"高度"选项设为"29.7厘米"，"分辨率"设为"150像素/英寸"，"颜色模式"设为"RGB颜色"，"背景内容"设为"白色"，单击"创建"按钮，新建一个文件。

（2）选择"矩形工具"，单击属性栏中的"填充"，选择"拾色器"，弹出"拾色器（填充颜色）"对话框，设置颜色为橙色（其R、G、B的值分别为229、101、7），单击"确定"按钮，描边颜色为"无颜色"，在图像适当窗口位置绘制矩形，并复制一个矩形放在橙色矩形上方。单击菜单栏"图层"→"创建剪贴蒙版"，也可以使用 Ctrl+Alt+G 组合键快速创建剪贴蒙版，效果如图5-31所示。

（3）按 Ctrl＋O 组合键，打开云盘中的"云盘\Ch05\素材\5.4 制作企业画册\素材 1"文件。选择"移动工具"，将素材 1 作为背景拖曳到图像窗口中的适当位置，调整其大小并锁定，效果如图 5－32 所示。

图 5－31

图 5－32

（4）选择"矩形工具"，单击属性栏中的"填充"，选择"拾色器"，弹出"拾色器（填充颜色）"对话框，设置颜色为橙色，单击"确定"按钮，描边颜色为"无颜色"，在图像适当窗口位置绘制矩形，并使用"横排文字工具"输入文字，效果如图 5－33 所示。

（5）使用"横排文字工具"为画册封面添加文字，并将所有图层编组，重命名为"画册封面"，效果如图 5－34 所示。

图 5－33

图 5－34

2. 制作画册内页

（1）选择"矩形工具"，单击属性栏中的"填充"选择"拾色器"，弹出"拾色器（填充颜色）"对话框，按 Ctrl＋O 组合键，打开云盘中的"云盘\Ch05\素材\5.4 制作企业画册\素材 2、素材 3"文件。选择"移动工具"，将素材 2、素材 3 作为背景拖曳到图像窗口中的适当位置，调整其大小并锁定，如图 5－35 所示。

（2）选择工具栏中的"矩形工具"命令，单击属性栏中的"填充"→"拾色器"，弹出"拾色器（填充颜色）"对话框，填充颜色为橙色，单击菜单栏中的"图层"→"创建剪贴蒙版"，也可以使用 Ctrl＋Alt＋G 组合键快速创建剪贴蒙版，效果如图 5－36 所示，图层面板如图 5－37 所示。

（3）选择工具栏中的"矩形工具"，填充颜色为橙色，在文档下方绘制一个矩形，效果如图 5－38 所示。使用"横排文字工具"在文档上方添加文字"ABOUT ZHONGTU CONSTRUCTION"，调整其字号和大小，将其放到图像窗口合适的位置，效果如图 5－39 所示。

图 5-35

图 5-36

图 5-37

图 5-38 　　　　　　图 5-39

（4）使用矩形工具绘制矩形，将其放于文档上，调整其位置与大小，并复制一个矩形，缩小，放在之前画的矩形后方，效果如图 5-40 所示。

图 5-40

（5）使用文字工具为画册内页添加剩余文字，效果如图 5-41 所示。

图 5-41

（6）将内页所有图层编组，重命名为"画册内页"，最终效果如图 5-30 所示。保存成 PSD 格式，企业画册制作完成。

拓展练习1　制作光盘行动海报

习题知识要点

使用"横排文字工具"添加文字；使用"矩形工具""钢笔工具"绘制文字底纹；使用多种图层样式命令为文字添加投影效果。效果如图5-42所示。

拓展练习1——
制作光盘行动海报

效果所在位置

云盘\Ch05\效果\拓展练习1\制作光盘行动海报.psd。

拓展练习2　制作"5·1"促销海报

拓展练习2——
制作5·1促销海报

习题知识要点

使用"横排文字工具"添加主题文字、其他文字、说明文字；使用多种图层样式命令为文字添加特殊效果。效果如图5-43所示。

图5-42

图5-43

效果所在位置

云盘\Ch05\效果\拓展练习2\制作5·1促销海报.psd。

项目评价

根据下表评分要求和评价准则，结合学习过程中的表现开展自我评价、系统评价、小组评价、组长评价、教师评价和企业评价等，并计算出最后得分。

评价项	评分要求		评价准则	分值	自我评价	系统评价	小组评价	组长评价	教师评价	企业评价	得分
基本素养	学习态度	上课出勤	缺勤全扣，迟到早退扣1分	4					√		
		回答问题	根据回答问题情况统计得分	3					√		
	学习能力	高效学习力	学习效率高，不拖拉	2		√					
		学习调整力	根据自身学习情况调整学习进度	2		√					
知识与技能	知识要求	知识学习	在线课程学习情况	5		√					
		知识训练	在线测试分值	5		√					
	技能要求	技能学习	完成技能思维导图	5					√		
		技能训练	快速、准确完成课内训练	5					√		
岗位素养	任务完成	按时提交	在时间点内提交	5	√						
		内容完成	根据完成情况赋分	15			√				
		作品效果	根据作品创新性、创意性、科学性赋分	20			√			√	
	身心素养	劳动层面	按工作流程完成作品	5	√						
		心理层面	调整心理状态，进行情绪管理，完成作品	5	√						
职业素养	思想素养	总结作品思想主旨	能总结出本项目的思想主旨	2			√				
		扩展作品思想主旨	能结合作品说出新的设计思路与主旨	2			√				
	道德素养	协作与沟通	根据协作情况与沟通顺畅度赋分	5				√			
		传播正能量	作品融入正能量，积极健康、乐观向上	10					√		
合计				100							

项目六

通道与滤镜的应用

本项目主要介绍通道与滤镜的使用方法。读者通过对本项目的学习，可掌握通道的基本操作、通道蒙版的创建和使用方法，以及滤镜功能的使用技巧等，以便能快速、准确地创作出生动、精彩的图像。

知识目标

- 掌握通道的操作方法和技巧。
- 了解运用通道蒙版编辑图像的方法。
- 了解滤镜库的功能。
- 掌握滤镜的应用方法。

能力目标

- 掌握"飞舞的发丝"的制作方法。
- 掌握"水彩画"的制作方法。
- 掌握"科技感美女海报"的制作方法。
- 掌握"创建边框特效动作"的制作方法。

素质目标

- 养成系统性设计思维习惯。
- 形成主动表达个人观点的意识。
- 具备遵规守纪、遵守职业规范的职业素养。

6.1 通道的应用

6.1.1 通道的概念

在 Photoshop 中，通道主要用来保存图像的颜色信息，一般可分为 3 种类型。

原色通道：用来保存图像颜色数据。一幅 RGB 颜色模式的图像，其颜色数据分别保存在红、绿、蓝 3 个通道中，这 3 个颜色通道中合成了一个 RGB 主通道。所以，一个标准的 RGB 文件包含 4 个内建通道。无论改变 RGB 哪个通道的颜色数据，都会立即反映到 RGB 主通道中。图 6-1 所示为原图像、隐藏"蓝"通道的"通道"面板和隐藏后的效果。

原图像　　　　　　　　　隐藏"蓝"通道　　　　　　隐藏"蓝"通道后的效果

图 6-1

Alpha 通道：额外建立的通道。通道除了用来保存颜色数据外，还可以用来将图像上的选区作为蒙版保存在 Alpha 通道中，可以说，通道是补充选取的一种方式。

专色通道：一种具有特殊用途的通道，在印刷时使用一种特殊的混合油墨替代或附加到图像的 CMYK 油墨中，出片时单独输出到一张胶片上。

6.1.2　认识"通道"面板

对"通道"的操作主要在"通道"面板中进行。默认情况下，"通道"面板、"路径"面板在同一面板组中，可以直接单击"通道"选项卡，打开"通道"面板。RGB 图像的颜色通道如图 6-2 所示。

"将通道作为选区载入"按钮：单击该按钮可以将通道中的图像内容转换为选区。选择"选择"→"载入选区"命令与单击该按钮的效果一样。

"将选区存储为通道"按钮：单击该按钮可以自动创建 Alpha 通道，并保存图像中的选区。选择"选择"→"存储选区"命令与单击该按钮的效果一样。

"创建新通道"按钮：单击该按钮可以创建新的 Alpha 通道。

"删除当前通道"按钮：单击该按钮可以删除选择的通道。

图 6-2

6.1.3　创建新通道

在编辑图像的过程中，可以创建新的通道。

单击"通道"控制面板右上方的"创建新通道"图标，弹出"新建通道"对话框，如图 6-3 所示。

名称：用于设置当前通道的名称。

色彩指示：默认"被蒙版区域"，通常用黑色来表示。

颜色：用于设置当前通道的颜色。

不透明度：用于设置当前通道的不透明度。

单击"确定"按钮，"通道"控制面板中将创建一个新通道，即"Alpha 1"，如图6－4所示。单击"通道"控制面板下方的"创建新通道"按钮，也可以创建一个新通道。

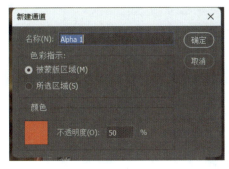

图6－3

图6－4

6.1.4　复制通道

"复制通道"命令用于复制现有的通道，以产生相同属性的多个通道。

单击"通道"控制面板右上方的"复制通道"图标，弹出"复制通道"对话框，如图6－5所示。

为（A）：用于设置复制出的通道的名称。

文档：用于设置复制通道的文件来源。

单击"确定"按钮，"通道"控制面板中将复制一个新的蓝色通道，即"蓝 拷贝"，如图6－6所示。将"通道"控制面板中需要复制的通道拖曳到下方的"创建新通道"按钮上，也可复制一个新的通道。

图6－5

图6－6

6.1.5　删除通道

可以将不用的或废弃的通道删除。

单击"通道"控制面板右上方的"删除通道"图标，即可将所选通道删除。

单击"通道"控制面板下方的"删除当前通道"按钮，还可将需要删除的通道直接拖曳到"删除当前通道"按钮上进行删除。

6.2 课堂案例1——飞舞的发丝

使用"通道"命令制作图像效果,并为其添加合适的背景。

课堂练习——
飞舞的发丝

素材所在位置

云盘\Ch06\素材\6.2 飞舞的发丝。

效果所在位置

云盘\Ch06\效果\6.2 飞舞的发丝\飞舞的发丝.psd,效果如图6-7所示。

图6-7

(1)按Ctrl+O组合键,打开云盘中的"云盘\Ch06\素材\6.2 飞舞的发丝\美女1"文件,如图6-8所示。将"背景"图层拖曳到控制面板下方的"创建新图层"按钮上进行复制,生成新的图层"背景 拷贝",如图6-9所示。

图6-8

图6-9

(2)选择"窗口"→"通道"命令,弹出如图6-10所示的对话框,复制"绿"通道,如图6-11所示。

图 6-10

图 6-11

（3）选择"图像"→"调整"→"色阶"命令或按 Ctrl+L 组合键，弹出"色阶"对话框，设置参数，如图 6-12 所示，单击"确定"按钮，效果如图 6-13 所示。

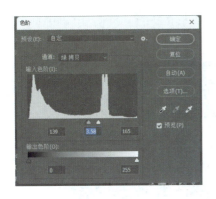

图 6-12

图 6-13

（4）选择"画笔工具"，将前景色设置为黑色，涂抹人物中的所有偏白部分，效果如图 6-14 所示。单击"将通道作为选区载入"按钮，效果如图 6-15 所示。

图 6-14

图 6-15

(5) 单击"RGB"通道,效果如图 6-16 所示;返回"图层"面板,按 Ctrl + Shift + I 组合键反选选区,并在"背景 拷贝"图层上按 Ctrl + J 组合键复制选区到新的图层上,效果如图 6-17 所示。

图 6-16

图 6-17

(6) 按 Ctrl + O 组合键,打开云盘中的"云盘\Ch06\素材\6.2 飞舞的发丝\背景 1"文件,如图 6-18 所示;将"背景"图层放到"图层 1"图层下方,按 Ctrl + T 组合键调整大小和位置;至此,"飞舞的发丝"案例制作完成,效果如图 6-19 所示。

图 6-18

图 6-19

6.3 滤镜库的功能

滤镜主要是用来实现图像的各种特殊效果,它具有非常神奇的作用,所有的滤镜都分类放到菜单中,使用时,只需从该菜单中执行这命令即可。滤镜通常需要与通道、图层等联合使用,才能取得最佳艺术效果。

选择"滤镜"命令,弹出图 6-20 所示的下拉菜单,提供了多种滤镜。

滤镜库是一个非常灵活的滤镜命令,使用滤镜库可以在对话框中添加多个滤镜效果,从而使滤镜的应用变得更多。可以通过调整参数来设置想要的滤镜效果,所获得的效果也更加丰富、复杂,选择"滤镜"→"滤镜库"命令,弹出如图 6-21 所示对话框。

项目六　通道与滤镜的应用

图 6－20

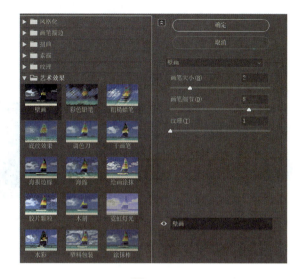

图 6－21

6.4　滤镜应用

滤镜是用来实现图像的各种特殊效果的工具，通常用于调色、添加效果，也是绘图软件中用于制造特殊效果的工具统称，拥有风格化、画笔描边、模糊、扭曲、锐化、视频、素描、纹理、像素化、渲染、艺术效果、其他等 12 个滤镜。其能够操纵图像中像素，是通过改变像素的位置或颜色来生成特效的，可以让普通图像呈现出令人惊叹的视觉效果，用于制作各种特效，还能模拟素描、油画、水彩等绘画效果。

6.4.1　杂色滤镜

杂色滤镜可以混合使用，并制作出着色像素图案的纹理。在杂色滤镜的子菜单中选择应用不同的杂色滤镜制作出的部分效果如图 6－22 所示。

原图

减少杂色

祛斑

添加杂色

图 6－22

109

6.4.2 渲染滤镜

渲染滤镜可以使图像中产生照明的效果，也可以产生不同的光源效果和夜景效果。在渲染滤镜子菜单中选择应用不同的渲染滤镜，制作出的图像效果如图 6-23 所示。

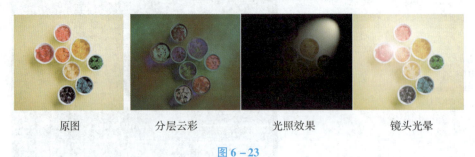

原图　　　　　分层云彩　　　　　光照效果　　　　　镜头光晕

图 6-23

6.4.3 像素化滤镜

像素化滤镜可以用于将图像分块或将图像平面化。在像素化滤镜的子菜单中应用不同的像素化滤镜制作出的效果如图 6-24 所示。

原图　　　　色彩块　　　　彩色半调　　　　点状化

格化　　　　马赛克　　　　碎片　　　　铜版雕刻

图 6-24

6.4.4 锐化滤镜

锐化滤镜可以通过生成更大的对比度来使图像清晰化和增强图像的轮廓。此组滤镜可减少图像修改后产生的模糊效果。应用不同的锐化滤镜制作出的图像效果如图 6-25 所示。

项目六　通道与滤镜的应用

|原图|USM锐化|智能锐化|

图 6-25

6.4.5 扭曲滤镜

扭曲滤镜可以生成一组从波纹到扭曲图像的变形效果。在扭曲滤镜的子菜单中应用不同的扭曲滤镜制作出的图像效果如图 6-26 所示。

原图　　　　　　波浪　　　　　　波纹　　　　　　挤压

切变　　　　　　球面化　　　　　水波　　　　　　旋转扭曲

图 6-26

6.4.6 模糊滤镜

模糊滤镜可以使图像中过于清晰或对比度过于强烈的区域产生模糊效果。此外，模糊滤镜还用于制作柔和阴影。在模糊滤镜的子菜单中应用不同的模糊滤镜制作出的图像效果如图 6-27 所示。

6.4.7 风格化滤镜

风格化滤镜可以产生印象派及其他风格画派作品的效果，是完全模拟真实艺术手法进行创作的。在风格化滤镜的子菜单中应用不同的风格化滤镜制作出的图像效果如图 6-28 所示。

| 原图 | 光圈模糊 | 动感模糊 | 高斯模糊 | 径向模糊 |

图 6-27

| 原图 | 查找边缘 | 风 | 浮雕效果 | 拼贴 |

图 6-28

 提示

如果在使用一次滤镜后，要加强效果，可以按 Ctrl+F 组合键重复使用滤镜；想要在图像中局部使用滤镜，则在图像中绘制选区，调整羽化半径，羽化后再使用滤镜。

6.5 课堂案例 2——制作水彩画

课堂练习——
制作水彩画

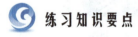 练习知识要点

使用干画笔滤镜为图片添加特殊效果，使用喷溅滤镜晕染图像，使用图层蒙版和画笔工具制作局部遮罩。

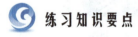 素材所在位置

云盘\Ch06\素材\6.5 制作水彩画。

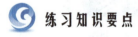 效果所在位置

云盘\Ch06\效果\6.5 制作水彩画\制作水彩画.psd，效果如图 6-29 所示。

（1）按 Ctrl+O 组合键，打开云盘中的"云盘\Ch06\素材\6.5 制作水彩画\水彩画"文件，如图 6-30 所示。将"背景"图层拖曳到控制面板下方的"创建新图层"按钮 上进行复制，生成新的图层"背景 拷贝"，如图 6-31 所示。

图 6-29　　　　　　　　图 6-30　　　　　　　　图 6-31

（2）选择"滤镜"→"滤镜库"命令，在弹出的对话框中进行设置，如图 6-32 所示，单击"确定"按钮，效果如图 6-33 所示。

图 6-32　　　　　　　　　　　　　　　　图 6-33

（3）选择"滤镜"→"模糊"→"特殊模糊"命令，在弹出的对话框中进行设置，如图 6-34 所示，单击"确定"按钮，效果如图 6-35 所示。

 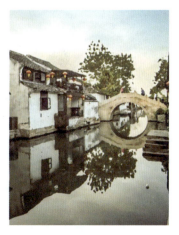

图 6-34　　　　　　　　　　　　　　　　图 6-35

(4) 选择"滤镜"→"滤镜库"命令，在弹出的对话框中进行设置，如图 6 – 36 所示，单击"确定"按钮，效果如图 6 – 37 所示。

图 6 – 36

图 6 – 37

(5) 按 Ctrl + J 组合键，复制"背景副本"图层，生成新的图层并将其命名为"效果"。选择"滤镜"→"风格化"→"查找边缘"命令，查找图像边缘，图像效果如图 6 – 38 所示，"图层"控制面板如图 6 – 39 所示。

图 6 – 38

图 6 – 39

（6）在"图层"控制面板上方，将该图层的混合模式选项设为"正片叠底"，不透明度选项设为"50%"，如图6-40所示，按Enter键确定操作，图像效果如图6-41所示。

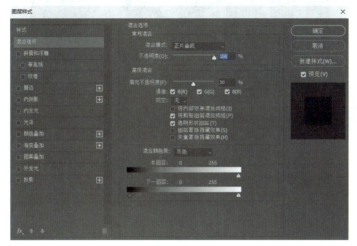

图6-40

图6-41

拓展练习1　制作科技感美女海报

拓展练习1——制作科技感美女海报

 习题知识要点

使用"通道"命令抠出美女，为其添加背景。效果如图6-42所示。

 提示

复制通道后，可以在复制的通道上用"钢笔工具"将人物框选并填充黑色。

图 6-42

素材所在位置

云盘\Ch06\素材\拓展练习1。

效果所在位置

云盘\Ch06\效果\拓展练习1\制作科技感美女海报.psd。

拓展练习 2　创建边框特效

拓展练习2——
创建边框特效

习题知识要点

使用"动作"控制面板创建新组和新动作,使用矩形选框工具和填充颜色命令制作阴影边框效果。

素材所在位置

云盘\Ch06\素材\拓展练习2\创建边框特效。

效果所在位置

云盘\Ch06\效果\拓展练习2\创建边框特效.psd。效果如图 6-43 所示。

图 6-43

项目评价

根据下表评分要求和评价准则,结合学习过程中的表现开展自我评价、系统评价、小组评价、组长评价、教师评价和企业评价等,并计算出最后得分。

评价项	评分要求		评价准则	分值	自我评价	系统评价	小组评价	组长评价	教师评价	企业评价	得分
基本素养	学习态度	上课出勤	缺勤全扣，迟到早退扣1分	4					√		
		回答问题	根据回答问题情况统计得分	3					√		
	学习能力	高效学习力	学习效率高，不拖拉	2			√				
		学习调整力	根据自身学习情况调整学习进度	2			√				
知识与技能	知识要求	知识学习	在线课程学习情况	5		√					
		知识训练	在线测试分值	5		√					
	技能要求	技能学习	完成技能思维导图	5					√		
		技能训练	快速、准确完成课内训练	5					√		
岗位素养	任务完成	按时提交	在时间点内提交	5		√					
		内容完成	根据完成情况赋分	15			√				
		作品效果	根据作品创新性、创意性、科学性赋分	20			√			√	
	身心素养	劳动层面	按工作流程完成作品	5	√						
		心理层面	调整心理状态，进行情绪管理，完成作品	5	√						
职业素养	思想素养	总结作品思想主旨	能总结出本项目的思想主旨	2			√				
		扩展作品思想主旨	能结合作品说出新的设计思路与主旨	2			√				
	道德素养	协作与沟通	根据协作情况与沟通顺畅度赋分	5				√			
		传播正能量	作品融入正能量，积极健康、乐观向上	10					√		
合计				100							

下篇

实践案例篇

项目七

卡券设计

卡券，包括卡片和各类优惠券等，其中，卡片是人们增进交流的一种载体，是传递信息、交流情感的一种工具。卡片的种类繁多，有邀请卡、祝福卡、生日卡、圣诞卡、新年贺卡等。优惠券是商家为吸引顾客而发放的一种购物凭证，用于促销和提供折扣、赠品、免费服务或其他优惠活动。本项目以多种类型的卡片和优惠券为例，讲解卡券的设计方法和制作技巧。

知识目标

- 了解卡券的作用。
- 了解卡券的分类。
- 掌握卡券的设计思路。
- 掌握卡券的设计方法和制作技巧。

能力目标

- 掌握"名片"的制作方法。
- 掌握"宠物医院代金券"的制作方法。
- 掌握"英语培训班试听卡"的制作方法。
- 掌握"母亲节贺卡"的制作方法。

素质目标

- 注重客户需求分析，提升市场洞察力。
- 养成系统性的设计思维习惯。
- 具备精益求精的职业素养。

7.1 卡片设计概述

卡片是设计师无穷无尽的想象力的表现，有些还成为弥足珍贵的收藏品。无论是贺卡、请柬还是宣传卡，都彰显出卡片在生活中极大的艺术价值。卡片设计是指为特定目的制作的平面设计作品，通常现为长方形、正方形或其他规定形状的纸质或电子卡片。卡片设计在社交、商业、庆祝、纪念等场景中广泛应用，具有传递信息、表达情感和增强互动的功能。一些卡片如图 7-1 所示。

图 7-1

7.1.1 卡片的作用

卡片作为一种传统的沟通媒介，可以用于个人或组织之间的交流、致谢、祝福、庆祝等场合。它可以传达信息、表达情感、建立联系、增强品牌形象、促进销售等。

7.1.2 卡片的分类

（1）普通贺卡：如生日贺卡、感谢卡、祝福卡等，用于向别人传达祝福或感激之情。

（2）企业名片：用于展示个人或企业的联系信息、品牌形象等。

（3）节日贺卡：如圣诞卡、新年卡等，用于在特定节日向亲友或客户发送祝福。

（4）电子贺卡：以电子形式发送的贺卡，可以通过电子邮件、社交媒体等渠道传递。

（5）宣传卡片：用于宣传企业、产品或促销活动的卡片，通常包含信息、图片和联系方式等。

（6）创意卡片：设计独特、有创意的卡片作品，用于展示设计师的创造力和艺术表达。

7.1.3 卡片的设计原则

（1）目标明确：设计前，应明确卡片的目的和受众，确定所要传达的信息和情感。

（2）简洁明了：卡片设计应简洁明了，避免信息过于复杂，重点突出。

（3）色彩搭配：选择合适的色彩搭配，使卡片整体色调统一、协调，符合场合和受众的需求。

（4）字体选择：选择适合的字体，保证文字清晰可读，字体的风格与卡片内容相符。

（5）图像运用：运用合适的图片或插图来增强卡片的视觉效果和表达能力。要注意版权问题。

（6）布局设计：合理安排卡片的布局，使各元素有序排列，提高信息的传递效果。

（7）印刷质量：对于纸质卡片，注意选择适当的纸张材质和打印质量，确保卡片的质感和触感。

通过以上设计原则，可以帮助设计师在制作卡片时有目的性、有针对性地进行设计，使卡片能够达到预期的效果，传递出准确、清晰、美观的信息和情感。

7.2　优惠券设计概述

优惠券设计是指为商家制作具有吸引力、功能实用的优惠券样式，以增强其吸引顾客的效果。优惠券设计需要兼顾视觉吸引力和信息传达，使顾客一目了然地了解优惠内容和使用规则。

7.2.1　优惠券的作用

（1）吸引顾客：优惠券是一种促销工具，可以吸引顾客购买商品或使用服务。其提供折扣、赠品、免费服务等优惠内容，可以激发顾客的购买欲望。

（2）增加销售额：通过优惠券促销，商家可以增加销售额和业绩，吸引更多的顾客购买商品或使用服务。

（3）顾客回头率：优惠券可以增加顾客的满意度和忠诚度，使他们更倾向于再次光顾商家。

（4）市场宣传：优惠券的分发和使用可以增加品牌知名度，并吸引更多的目标顾客了解和购买商品或服务。

7.2.2　优惠券的分类

（1）折扣券：提供购买商品或服务时的折扣优惠，如八折、半价优惠等。

（2）礼品券：购买商品时附带赠送特定礼品或赠品。

（3）代金券：提供固定金额的抵扣，顾客可以在指定的时间内使用。

（4）免费试用券：提供免费试用商品或服务的机会，以吸引顾客体验并提供反馈。

（5）团购券：集体购买商品的折扣优惠，要求一定数量的人参与购买。

（6）限时优惠券：提供在特定时间内使用的折扣或优惠，以增加销售效果。

（7）积分券：顾客购买商品或服务时，可以获得积分，累积一定数量后，可兑换为优惠券或赠品。

7.2.3　优惠券的设计原则

（1）确定优惠内容和目标：首先，商家需要确定优惠券的具体优惠内容，例如折扣金额、赠品种类等。同时，要明确目标顾客群，有针对性地设计优惠券，以满足他们的需求和喜好。

（2）设计券面布局：在设计券面布局时，需要考虑到信息的清晰传达和顾客的视觉吸引。合理安排各个元素（优惠内容、商家 logo、有效期等），使用适当的字体和字号，选择合适的颜色搭配，以及考虑券面的空白区域等因素。

（3）强调优惠：优惠券的设计要突出优惠内容，例如使用大号字体、醒目的颜色或特殊图标来吸引顾客的注意力，并清晰地传达折扣或赠品等优惠信息。

（4）增加辅助图案或背景：可以在优惠券上添加一些辅助图案或背景，以增加整体视觉效果，但注意不要过分烦琐或干扰主要信息的传达。

（5）清晰的使用规则：在优惠券上清晰地呈现使用规则，包括有效期、使用范围、限制条件等，以避免误解或纠纷。使用简洁明了的语言，避免过于复杂的表达。

（6）印刷和制作：确保优惠券的印刷质量良好，选择适当的纸张材质和印刷技术，以增加顾客对优惠券的信任感。

通过以上步骤，可以制作出吸引人、功能实用的优惠券，帮助商家吸引顾客，并增加销售量和品牌知名度。

7.3　制作名片

制作名片

7.3.1　案例分析

名片是一种重要的商务工具，它不仅传达个人或企业的信息和形象，还建立了联系、展示了专业性，并促进了业务发展和人脉拓展。它在商务交流和社交活动中发挥着重要作用。本例是为某公司市场部主管设计名片。

在设计思路上，浅灰色斜线背景搭配蓝黄色的矩形的元素装饰，表现出一种时尚大气的风格。清晰简洁的设计和配色，突出了名片的主体作用，整体风格简单大气。

本例将使用"矩形工具"和"自定义形状工具"绘制形状和路径；使用"描边"命令为选区进行描边；使用"横排文字工具"添加需要的文字；等等。

7.3.2　案例设计

本案例设计流程如图7-2所示。

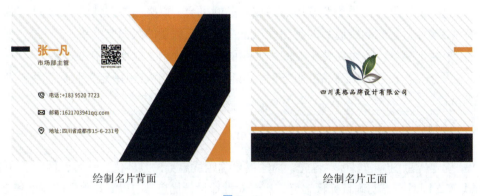

绘制名片背面　　　　　　　　绘制名片正面

图7-2

7.3.3　案例制作

1. 绘制背面效果

（1）按Ctrl+N组合键，弹出"新建"对话框，将"宽度"选项设为"17厘米"，"高度"选项设为"11 厘米","分辨率"设为"300 像素/英寸","颜色模式"设为"RGB 颜色","背景内容"设为"白色",单击"确定"按钮,新建一个文件,如图 7-3 所示。打开云盘中的"Ch07\素材\7.3 制作名片\01"文件,放入背景图层上方,在"图层"控制面板上方,将"素材"图层的"不透明度"选项设为"2%","图层"设置如图 7-4 所示。

图 7-3　　　　　　　　　　　　图 7-4

(2) 选择"矩形工具"绘制一个矩形,将前景色设为深蓝色(其 R、G、B 的值分别为 21、50、59),效果如图 7-5 所示。

(3) 选择"矩形工具",在属性栏中的"选择工具模式"选项中选择"形状",在图像窗口中绘制其他黄色矩形,效果如图 7-6 所示。

图 7-5　　　　　　　　　　　　图 7-6

2. 添加文字和装饰图像

按 Ctrl + O 组合键,打开云盘中的"Ch07\素材\7.3 制作名片\02"文件,选择"移动工具",将 02 图片拖曳到图像窗口适当位置。在"图层"控制面板中生成新的图层,并将其命名为"logo"。选择"横排文字工具"输入需要的文字,在属性栏中选择合适的字体并设置文字大小,效果如图 7-7 所示。在"图层"控制面板中生成新的文字图层。

图 7-7

3. 绘制正面效果

（1）按 Ctrl + G 组合键，把刚刚做好的背面建立成组，并命名为"背面"。新建一个图层后，打开云盘中的"Ch07\素材\7.3 制作名片\01"文件，放在"背景"图层上方。在"图层"控制面板上方，将"素材"图层的"不透明度"选项设为"2%"。

（2）用"钢笔工具"勾勒背景矩形，选择"矩形工具"，在属性栏中的"选择工具模式"选项中选择"形状"，在图像窗口中绘制其他矩形，图像效果如 7 – 8 所示。

（3）选择"横排文字工具"，输入需要的文字，在属性栏中选择合适的字体并设置文字大小，效果如图 7 – 9 所示。在"图层"控制面板中生成新的文字图层。用相同的方法添加其他的文字。

图 7 – 8　　　　　　　　　　　图 7 – 9

（4）按 Ctrl + O 组合键，打开云盘中的"Ch07\素材\7.3 制作名片\03"文件，选择"移动工具"，将 03 图片二维码拖曳到图像窗口适当位置。在"图层"控制面板中生成新的图层，并将其命名为"二维码"。选择"横排文字工具"，输入需要的文字，在属性栏中选择合适的字体并设置文字大小，效果如图 7 – 10 所示。在"图层"控制面板中生成新的文字图层。名片制作完成。

图 7 – 10

7.4　制作宠物医院代金券

制作宠物
医院代金券

7.4.1　案例分析

随着宠物的普及，许多爱宠人士都会选择定期对宠物进行体检和治疗。本例是为宠物医院制作宠物医院代金券，要求设计主题鲜明，让人一目了然，加深人们的印象，突出行业特征。在设计制作上，使用可爱的动物，搭配明亮的色调，使画面不单调。文字的设计排版主次分明，使人一眼就能看到代金券的主要内容。设计目的是吸引更多的顾客到宠物医院就诊，并提高顾客的满意度和忠诚度。

本例将使用"文字工具"和"图层样式"制作文字效果；使用"描边"命令为文字添加描边效果；使用"矩形工具"制作填字区域等。

7.4.2 案例设计

本案例设计流程如图7-11所示。

图7-11

7.4.3 案例制作

1. 制作背景效果

（1）按Ctrl+N组合键，弹出"新建"对话框，将"宽度"选项设为"20厘米"，"高度"选项设为"8厘米"，"分辨率"设为"300像素/英寸"，"颜色模式"设为"RGB颜色"，"背景内容"设为"白色"，单击"确定"按钮，新建一个文件，如图7-12所示。

图7-12

(2)按 Ctrl+O 组合键,打开云盘中的"Ch09\素材\制作宠物医院代金券\01"文件。选择"移动工具",将 01 图片拖曳到刚创建的背景图像窗口中的适当位置并调整其大小,效果如图 7-13 所示。

图 7-13

2. 添加主体图像

(1)按 Ctrl+O 组合键,打开云盘中的"Ch07\素材\7.4 制作宠物医院代金券",选择"移动工具",分别将 02、03、04、05、06、07 等素材图片拖曳到图像窗口的适当位置并调整其大小。在"图层"控制面板中生成新的图层,并分别为其命名为"桌子、医生、猫 01、狗 01、狗 02、logo",如图 7-14 所示,效果如图 7-15 所示。

图 7-14

图 7-15

(2)按 Ctrl+O 组合键,打开云盘中的"Ch07\素材\7.4 制作宠物医院代金券\08"文件,将素材从图中选取出来,如图 7-16 和图 7-17 所示。

图 7-16

图 7-17

(3)选择"移动工具",将素材图片拖曳到图像窗口的适当位置并调整其大小,在"图层"控制面板中生成新的图层并命名为"猫2",图层设置如图 7-18 所示,完成效果如图 7-19 所示。

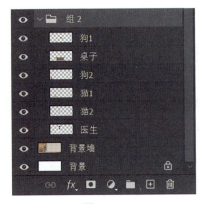

图 7-18

图 7-19

3. 添加文字和标志 logo

(1)将前景色设为蓝色(其 R、G、B 的值分别为 26、103、157),如图 7-20 所示。选择"横排文字工具",在适当位置输入需要的文字并选取文字,在属性栏中选择字体为"黑体"并设置字号为"45 点",效果如图 7-21 所示。

图 7-20

图 7-21

（2）将前景色设为蓝色（其 R、G、B 的值分别为 26、103、157）。选择"横排文字工具"，在适当位置输入需要的文字并选取文字，在属性栏中选择字体为"幼圆"并设置字号为"20 点"，图层设置如图 7-22 所示，效果如图 7-23 所示。

图 7-22

图 7-23

（3）将前景色设为蓝色（其 R、G、B 的值分别为 28、116、180），如图 7-24 所示。选择"横排文字工具"，在适当位置输入需要的文字并选取文字，在属性栏中选择字体为"叶根友毛笔行书简体"并设置字号为"250 点"，效果如图 7-25 所示。

图 7-24

图 7-25

(4) 将前景色设为蓝色（其 R、G、B 的值分别为 28、116、180）。选择 "横排文字工具"，在适当位置输入需要的文字并选取文字，在属性栏中选择字体为 "宋体" 并设置字号为 "70 mm"，如图 7-26 所示。效果如图 7-27 所示。

图 7-26

图 7-27

(5) 将前景色设为蓝色（其 R、G、B 的值分别为 28、116、180）。选择 "横排文字工具"，在适当位置输入需要的文字，如图 7-28 所示。选取文字，在属性栏中选择字体为 "黑体" 并设置文字大小分别为 "120 点、40 点、30 点"，效果如图 7-29 所示。

(6) 选择 "工具栏" 中的 "矩形工具"，将前景色设为白色（其 R、G、B 的值分别为 255、255、255），在图像窗口中拖曳鼠标绘制一个合适大小的矩形，并在图层中为其命名为 "矩形 1"，如图 7-30 所示。效果如图 7-31 所示。

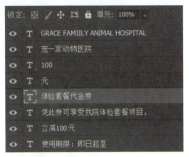

图 7-28

图 7-29

图 7-30

图7-31

（7）双击右侧图层区中的"100"图层，弹出"图层样式"对话框。添加"描边"效果，颜色为"白色"，大小设置为"20点"，不透明度为"100%"，单击"确定"按钮，参数设置如图7-32所示，效果如图7-33所示。

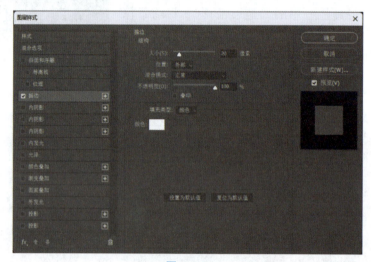

图7-32

图7-33

（8）将其余字体也按相同方法设置描边效果，颜色为"白色"，大小设置为"20点"，不透明度设置为"100%"。图层设置如图7-34所示。保存文件为PSD格式，宠物医院代金券制作完成，最终效果如图7-35所示。

项目七　卡券设计

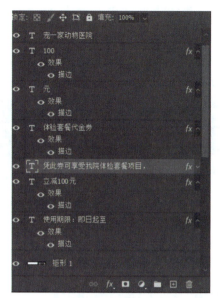

图 7-34

图 7-35

拓展练习1　制作英语培训班试听卡

 练习知识要点

按 Ctrl + O 组合键，新建宽度为"17.7厘米"，高度为"7.7厘米"的画布。在画布"14.1厘米"处绘制虚线，在虚线右侧制作"试听卡"，使用"椭圆选框工具"绘制圆形装饰效果，使用"横排文字工具"制作页面文字效果。按 Ctrl + O 组合键，打开云盘中的"Ch07\素材\拓展案例1\小人、line、image"，导入其他素材并放到适当位置，效果如图 7-36 所示。在画布 4.5 厘米处绘制虚线，在虚线左侧制作"副券"，在虚线右侧使用"钢笔工

拓展练习1——
制作英语
培训班试听卡

133

具"绘制"使用说明书"背景效果，使用"横排文字工具"制作其余文字效果。按 Ctrl + O 组合键，打开云盘中的"Ch07\素材\拓展案例 1\小人、line、image"文件，导入其他素材并将其放到相应位置。效果如图 7 – 37 所示。

图 7 – 36

图 7 – 37

效果所在位置

云盘\Ch07\效果\拓展案例 1\制作英语培训班试听卡.psd。

拓展练习 2　制作母亲节贺卡

拓展练习 2——
制作母亲节贺卡

练习知识要点

按 Ctrl + O 组合键，新建宽度为"20 厘米"，高度为"29.5 厘米"的画布，使用"渐变工具"制作贺卡渐变样式背景，使用"矩形工具"绘制贺卡主体部分背景并为其添加"投影"，使用"横排文字工具"输入"母亲节"字样并为其添加"渐变填充"效果，使用"横排文字工具"制作其余页面文字效果。按 Ctrl + O 组合键，打开云盘中的"Ch07\素材\拓展案例 2"文件，导入"花""礼品盒""玫瑰花""小球""花瓣"等素材并将其放到相应位置。效果如图 7 – 38 所示。

图 7-38

效果所在位置

云盘\Ch07\效果\拓展案例 2\制作母亲节海报.psd。

项目评价

根据下表评分要求和评价准则,结合学习过程中的表现开展自我评价、系统评价、小组评价、组长评价、教师评价和企业评价等,并计算出最后得分。

评价项	评分要求		评价准则	分值	自我评价	系统评价	小组评价	组长评价	教师评价	企业评价	得分
基本素养	学习态度	上课出勤	缺勤全扣,迟到早退扣 1 分	4					√		
		回答问题	根据回答问题情况统计得分	3					√		
	学习能力	高效学习力	学习效率高,不拖拉	2			√				
		学习调整力	根据自身学习情况调整学习进度	2			√				
知识与技能	知识要求	知识学习	在线课程学习情况	5		√					
		知识训练	在线测试分值	5		√					
	技能要求	技能学习	完成技能思维导图	5					√		
		技能训练	快速、准确完成课内训练	5					√		

续表

评价项	评分要求	评价准则	分值	自我评价	系统评价	小组评价	组长评价	教师评价	企业评价	得分
岗位素养	任务完成	按时提交	在时间点内提交	5		√					
		内容完成	根据完成情况赋分	15			√				
		作品效果	根据作品创新性、创意性、科学性赋分	20			√			√	
	身心素养	劳动层面	按工作流程完成作品	5	√						
		心理层面	调整心理状态,进行情绪管理,完成作品	5	√						
职业素养	思想素养	总结作品思想主旨	能总结出本项目的思想主旨	2			√				
		扩展作品思想主旨	能结合作品说出新的设计思路与主旨	2			√				
	道德素养	协作与沟通	根据协作情况与沟通顺畅度赋分	5				√			
		传播正能量	作品融入正能量,积极健康、乐观向上	10				√			
合计				100							

项目八

数码照片模板设计

使用照片模板可以为照片快速添加图案、文字和特效等。照片模板主要模板通常由专业设计师设计，具有高质量的外观和美观的排版。使用模板可以确保电子相册呈现出专业水准的视觉效果，令人印象深刻。本项目以多个主题的照片模板为例，讲解照片模板的设计方法与制作技巧。

知识目标

> 了解数码照片模板的分类。
> 掌握数码照片模板的设计思路。
> 掌握数码照片模板的设计方法。
> 掌握数码照片模板的制作技巧。

能力目标

> 掌握"儿童照片模板设计"的制作。
> 掌握"古装写真模板设计"的制作。
> 掌握"证件照"的制作。
> 掌握"婚纱写真模板设计"的制作。
> 掌握"儿童写真模板设计"的制作。
> 掌握图层的基本操作。

素质目标

> 形成关注细节、严谨细致的工作态度。
> 提升对美的感知与鉴赏能力。
> 增强职业发展与规划意识。

8.1 数码照片模板设计概述

数码照片模板是一种在社交媒体广泛使用的工具，它可以帮助人们更好地表达自己的想法和情感。这一现象的出现改变了社交媒体的发展方向，使普通用户也能够以专业级的图片效果来装点自己的信息，如图 8-1 所示。照片模板根据受众的人群不同，可分为儿童照片模板、学生照片模板、中年照片模板和老年照片模板等；根据模板设计方式的不同，可分为环绕式模板、中心对称式模板、对角线均衡式模板等；根据用途的不同，可分为商业照片模板、生日照片模板、校园时光照片模板等。

图 8-1

8.2 儿童照片模板设计

儿童照片模板设计

8.2.1 案例分析

儿童照片模板主要是指针对儿童的情感兴趣、性格特点，为儿童量身设计的多种别出心裁、活灵活现的照片模板。本例将通过对图像的合理编排，可以在感观上抓住学生的好奇心，使抽象的语言符号变得具体而实在。

在设计思路上，通过"剪切蒙版"的背景运用，表现出儿童的机灵与天真；巧妙的相框设计将孩子温柔、甜美的一面展示出来；最后添加与众不同的卡通文字。整体设计以少女粉为主，将女孩纯真聪慧的天性充分展现。

本例将使用"椭圆"命令，制作图像效果；使用"矩形工具"绘制图形；使用创建剪贴蒙版组合键制作人物照片效果；使用"横排文字工具"和"竖排文字工具"输入文字。

8.2.2 案例设计

本案例设计流程如图 8-2 所示。

制作背景效果

添加人物图像

最终效果

图 8 – 2

8.2.3 案例制作

1. 绘制背景效果

（1）按 Ctrl + N 组合键，弹出"新建"对话框，将"宽度"选项设为"220 毫米"，"高度"选项设为"125 毫米"，"分辨率"设为"300 像素/英寸"，"颜色模式"设为"RGB 颜色"，"背景内容"设为"白色"，单击"确定"按钮，新建一个文件。

（2）按 Ctrl + O 组合键，打开云盘中的"Ch08\素材\儿童照片模板设计\01"文件，效果如图 8 – 3 所示。

（3）在"图层"控制面板中，将"背景"图层拖曳到"控制"面板下方的"创建新图层"按钮上进行复制，生成新的图层"背景 拷贝"。

（4）使用"矩形工具"，拖曳鼠标绘制形状，不透明度设置为 50%，如图 8 – 3 所示。

图 8 – 3

（5）在"图层"控制面板上方，将该图层的混合模式设为"正片叠底"，"填充"选项设为"68%"，图层设置如图 8 – 4 所示，图像效果如图 8 – 5 所示。

2. 添加主体图片

（1）按 Ctrl + O 组合键，打开云盘中的"Ch08\素材\儿童照片模板设计\02"文件。选择"移动工具"，将 02 图片拖曳到 01 图像窗口中适当位置，如图 8 – 6 所示。在"图层"控制面板中生成新图层并将其命名为"人物"。

图 8-4　　　　　　图 8-5　　　　　　　　图 8-6

（2）选择"矩形工具"，拖曳鼠标绘制形状。按 Ctrl + O 组合键，打开云盘中的"Ch08\素材\儿童照片模板设计\03"文件。选择"移动工具"，将 03 图片拖曳到 01 图像窗口中适当位置，调整其大小和角度，如图 8-7 所示。在"图层"控制面板中生成新图层并将其命名为"人物2"。按 Alt + Ctrl + G 组合键，为图层创建剪贴蒙版，效果如图 8-8 所示。

图 8-7　　　　　　　　　　　图 8-8

（3）选择"矩形工具"，拖曳鼠标绘制形状。按 Ctrl + O 组合键，打开云盘中的"Ch08\素材\儿童照片模板设计\04"文件。选择"移动工具"，将 03 图片拖曳到 01 图像窗口中适当位置，调整其大小和角度，如图 8-9 所示。在"图层"控制面板中生成新图层并将其命名为"人物3"。按 Alt + Ctrl + G 组合键，为图层创建剪贴蒙版，效果如图 8-10 所示。

图 8-9　　　　　　　　　　　图 8-10

（4）选择"矩形工具"，拖曳鼠标绘制形状。按 Ctrl + O 组合键，打开云盘中的"Ch08\素材\儿童照片模板设计\05"文件。选择"移动工具"，将 03 图片拖曳到 01 图像窗口中适当位置，调整其大小和角度，如图 8-11 所示。在"图层"控制面板中生成新图层并将其命名为"人物4"。按 Alt + Ctrl + G 组合键，为图层创建剪贴蒙版，效果如图 8-12 所示。

图8-11

图8-12

(5) 选择"矩形工具",拖曳鼠标绘制形状。按Ctrl+O组合键,打开云盘中的"Ch08\素材\儿童照片模板设计\06"文件。选择"移动工具",将03图片拖曳到01图像窗口中适当位置,调整其大小和角度,如图8-13所示。在"图层"控制面板中生成新图层并将其命名为"人物5"。按Alt+Ctrl+G组合键,为图层创建剪贴蒙版,效果如图8-14所示。

图8-13

图8-14

(6) 按Ctrl+O组合键,打开云盘中的"Ch08\素材\儿童照片模板设计\07"文件。选择"移动工具",将07图片拖曳到01图像窗口中适当位置,如图8-15所示。在"图层"控制面板中生成新图层并将其命名为"花",如图8-16所示。

图8-15

图8-16

3. 添加文字及其他素材

(1) 新建图层,选择"椭圆工具",拖曳鼠标绘制形状,绘制3个椭圆形状,设置椭圆一的前景色为米白色(其R、G、B的值分别为253、238、242)、椭圆二的前景色为粉色(其R、G、B的值分别为244、176、179)、椭圆三的前景色为桃花粉(其R、G、B的值分别为236、128、126)。再次选择"椭圆工具",拖曳鼠标绘制椭圆形状,右击图层,选择"栅格化图层",去掉填充色,设置描边颜色为淡粉色(其R、G、B的值分别为243、163、

168），大小为 5 pt，如图 8-17 所示。用魔棒工具选择图形，然后用"橡皮擦工具"擦掉部分图像，效果如图 8-18 所示。

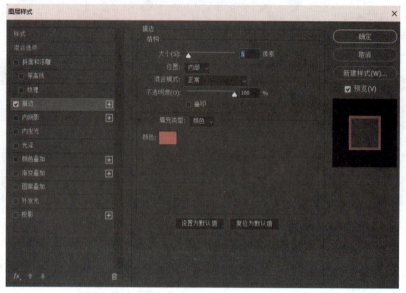

图 8-17

（2）选择"直排文字工具"，在适当位置输入需要的文字。选择"成长"两个字，在属性栏中，字体选择"方正黑体简体"，文字大小为"295 点"。选择"时光"两个字，在属性栏中，字体选择"方正黑体简体"，文字大小为"368 点"。字体颜色前景色设为粉色（其 R、G、B 的值分别为 245、123、131），效果如图 8-19 所示。在"图层"控制面板中生成新的文字图层。

图 8-18

（3）选择"直排文字工具"，在适当位置输入需要的文字并选取文字，在属性栏中设置字体，选择"方正黑体简体"，文字大小为"60 点"，字体颜色设为玫瑰粉（其 R、G、B 的值分别为 236、109、113），如图 8-20 所示。在"图层"控制面板中生成新的文字图层，将文字放到适当位置。

图 8-19

图 8-20

（4）选择"横排文字工具"，在适当位置输入需要的文字并选取文字，在属性栏中，字体选择"方正黑体"，文字大小为"65 点"，字体颜色设为玫瑰粉（其 R、G、B 的值分别为 236、116、121），在"图层"控制面板中生成新的文字图层，如图 8 – 21 所示。将文字放到适当位置，儿童照片模板制作完成，最终效果如图 8 – 22 所示。

图 8 – 21

图 8 – 22

8.3　古装写真模板设计

古装写真模板设计

8.3.1　案例分析

古装写真是当下年轻人的必要活动，人们通过照片将体验到古时的美感并将其记录下来。古装写真模板设计主要是将写真照片进行艺术加工处理，起到高级、新颖的作用。本例将制作古装写真模板，要求该模板能体现时尚、复古的主题。

在设计思路上，浅绿色背景营造出清新淡雅的氛围，衬托出了清新脱俗的感觉，再添加具有修饰效果的装饰花纹，使画面产生远近变化和层次感；使用纤细轻巧的字体作为搭配，突出了画面的清爽感。

本例将使用"矩形工具"制作背景，使用"椭圆工具"和"描边"命令等制作相框，使用"旋转180度"命令和"图层混合模式"命令等制作图片，使用"横排文字工具"和"竖排文字工具"添加文字，使用"移动工具"添加素材图像图形。

8.3.2　案例设计

本案例设计流程如图 8 – 23 所示。

制作背景效果

添加照片并制作相册

最终效果

图 8 – 23

8.3.3 案例制作

1. 绘制背景效果

按 Ctrl + N 组合键,弹出"新建"对话框,将"宽度"选项设为"420 毫米","高度"选项设为"210 毫米","分辨率"设为"300 像素/英寸","颜色模式"设为"RGB 颜色","背景内容"设为"白色",单击"确定"按钮,新建一个图层。将前景色设为浅绿色(其 R、G、B 的值分别为 199、221、177)。按 Alt + Delete 组合键,用前景色填充"背景"图层,效果如图 8 – 24 所示。

图 8 – 24

2. 添加照片并制作相框

选择"图层"→"新建图层"命令,将其命名为"矩形 1"。将前景色设为青色(其 R、G、B 的值分别为 199、221、177)。打开"编辑"菜单里的"首选项",选择"单位与标尺",修改标尺的参数单位为"毫米"。选择"矩形工具",绘制一个宽度为"138 毫米",高度为 144 毫米"的矩形。按 Alt + Delete 组合键,填充前景色为"青色",命名为"矩形 1",效果如图 8 – 24 所示。选择"矩形 1"图层,右击,选择"混合选项""斜面和浮雕"和"投影",具体参数如图 8 – 25 和图 8 – 26 所示,效果如图 8 – 27 所示。

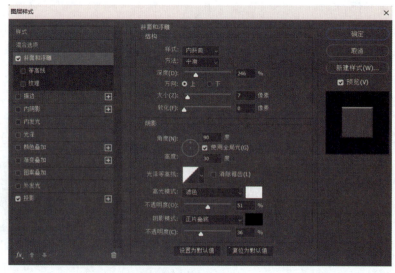

图 8 – 25

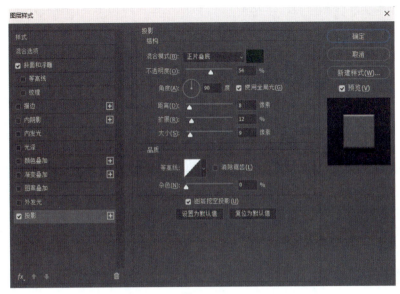

图 8-26

图 8-27

3. 绘制主题图片

（1）按 Ctrl+O 组合键，打开云盘中的"Ch08\素材\古装写真模板设计\01"文件。选择"移动工具"，将图片拖曳到图像窗口中适当位置，调整其大小和角度，在"图层"控制面板中生成新图层并将其命名为"山"，效果如图 8-28 所示。

（2）选择"矩形工具"，拖曳鼠标绘制形状。按 Ctrl+O 组合键，打开云盘中的"Ch08\素材\古装写真模板设计\02"文件。选择"移动工具"，将 02 图片拖曳到图像窗口中适当位置，调整其大小和角度。在"图层"控制面板中生成新图层并将其命名为"人物 1"。按 Alt+Ctrl+G 组合键，为图层创建剪贴蒙版，效果如图 8-29 所示。

图 8-28

图 8-29

(3) 新建图层并将其命名为"矩形2"。将前景色设为白色。选择"矩形工具",绘制一个圆角矩形。按 Alt + Delete 组合键,用前景色填充颜色为"白色",按 Alt + Shift 组合键水平复制一个。选择"编辑",单击"变换"→"旋转180度",命名为"矩形3",整体效果如图 8 – 30 所示。

(4) 选择"圆角矩形工具",拖曳鼠标绘制形状。按 Ctrl + O 组合键,打开云盘中的"Ch08\素材\古装写真模板设计\03"文件。选择"移动工具",将 03 图片拖曳到图像窗口中适当位置,调整其大小和角度。在"图层"控制面板中生成新图层并将其命名为"人物2"。按 Alt + Ctrl + G 组合键,为图层创建剪贴蒙版,效果如图 8 – 31 所示。

图 8 – 30

图 8 – 31

(5) 选择"圆角矩形工具",拖曳鼠标绘制形状。按 Ctrl + O 组合键,打开云盘中的"Ch08\素材\古装写真模板设计\04"文件。选择"移动工具",将 04 图片拖曳到图像窗口中适当位置,调整其大小和角度。在"图层"控制面板中生成新图层并将其命名为"人物3"。按 Alt + Ctrl + G 组合键,为图层创建剪贴蒙版,效果如图 8 – 32 所示。

图 8 – 32

(6) 选择"矩形3"图层,右击,选择"混合选项",选择"投影",混合模式设置为"正片叠底",不透明度为"35%"(距离:5 像素,扩展:15%,大小:20 像素),选择"矩形4"图层,右击,选择"混合选项",选择"投影",混合模式设置为"正片叠底",不透明度设置为"35%"(距离:5 像素,扩展:15%,大小:20 像素),具体参数如图 8 – 33 所示。

4. 添加装饰图形

(1) 按 Ctrl + O 组合键,打开云盘中的"Ch08\素材\古装写真模板设计\05"文件。选择"移动工具",将图片拖曳到图像窗口中适当位置,调整其大小和角度,如图 8 – 34 所示。在"图层"控制面板中生成新图层并将其命名为"花",具体如图 8 – 35 所示。

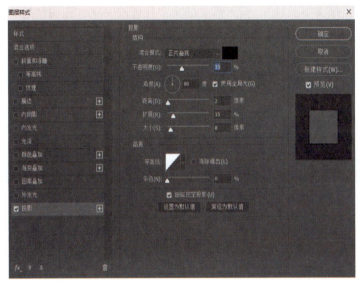

图 8-33

图 8-34

图 8-35

(2) 选择"钢笔工具",绘制形状,内轮廓描边 2 像素,外轮廓描边 1 像素,效果如图 8-36 所示。

(3) 选择"横排文字工具",输入需要的文字并选取文字,在属性栏中选择合适的字体并设置文字大小,字体颜色设为墨绿色(其 R、G、B 的值分别为 77、104、51),如图 8-37 所示。

图 8-36

图 8-37

(4)选择"竖排文字工具",输入需要的文字并选取文字,在属性栏中选择合适的字体并设置文字大小,字体颜色设为白色,如图 8-38 所示。

(5)选择"竖排文字工具",输入需要的文字并选取文字,在属性栏中选择合适的字体并设置文字大小,字体颜色设为墨绿色(其 R、G、B 的值分别为 77、104、51),效果如图 8-39 所示。

图 8-38

图 8-39

(6)选择"横排文字工具",输入需要的文字并选取文字,在属性栏中选择合适的字体并设置文字大小,字体颜色设为墨绿色(其 R、G、B 的值分别为 77、104、51),如图 8-40 所示。婚纱照片模板制作完成,最终效果如图 8-41 所示。

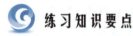
图 8-40

图 8-41

8.4 课堂案例——制作证件照

课堂练习——
制作证件照

练习知识要点

使用裁剪工具裁剪图像,使用移动工具和图层样式添加投影和描边。

素材所在位置

云盘\Ch08\素材\制作证件照/01。

效果所在位置

云盘\Ch08\效果\制作证件照.psd,效果如图 8-42 所示。

图 8-42

（1）按 Ctrl + N 组合键，新建一个文件，宽度为"10 厘米"，高度为"7 厘米"，分辨率为"300 像素/英寸"，背景内容为白色。

（2）按 Ctrl + O 组合键，打开云盘中的"Ch08\素材\制作证件照\01"文件，调整图片宽度为"25 毫米"，高度为"35 毫米"，如图 8-43 所示。

（3）选择"移动工具"，将 01 文件拖曳到新建窗口中的适当位置，效果如图 8-44 所示。在"图层"控制面板中生成新的图层并将其命名为"照片"，如图 8-45 所示。

图 8-43

图 8-44

图 8-45

（4）单击"图层"控制面板下方的"添加图层样式"按钮，在弹出的菜单中选择"描边"命令，弹出对话框，将描边颜色设为白色，其他选项的设置如图 8-46 所示。选择"投影"选项，切换到相应的对话框，将不透明度选项设为 75%，其他选项的设置如图 8-47 所示，单击"确定"按钮，效果如图 8-48 所示。按住 Alt 键的同时，水平向右拖曳图像到适当位置，复制图像，效果如图 8-49 所示。

（5）按住 Ctrl 键的同时，单击"照片"图层，将原图层和副本图层同时选取。按住 Alt + Shift 组合键的同时，水平向右拖曳图像到适当位置，复制图像，效果如图 8-50 所示。

（6）按住 Ctrl 键的同时，单击"照片"图层和"照片副本"图层，将原图层和副本图层同时选取。按住 Alt + Shift 组合键的同时，垂直向下拖曳图像到适当位置，复制图像，效果如图 8-51 所示，证件照制作完成。

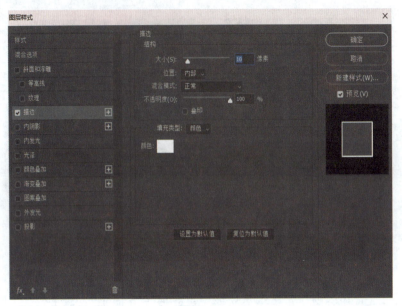

图 8-46

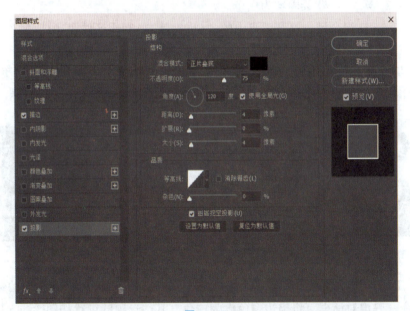

图 8-47

图 8-48

图 8-49

图 8–50　　　　　　　　　　　　　图 8–51

拓展练习 1　婚纱写真模板设计

扩展练习1——
婚纱写真模板设计

练习知识要点

使用"图层蒙版"命令和"矩形工具"制作背景与人物的融合效果；使用"色彩平衡"命令和"自然饱和度"命令调整图像的颜色；使用"横排文字工具"和"竖排文字工具"命令添加文字。效果如图 8–52 所示。

图 8–52

素材所在位置

云盘\Ch08\效果\婚纱写真模板设计.psd。

拓展练习2　儿童写真模板设计

扩展练习2——
儿童写真模板设计

练习知识要点

使用"矩形工具""创建剪贴蒙版"命令和"复制"命令制作相册效果；使用"色阶"命令调整图像的亮度；使用"横排文字工具"和"竖排文字工具"添加文字。效果如图8-53所示。

图8-53

素材所在位置

云盘\Ch08\效果\儿童写真模板设计.psd。

项目评价

根据下表评分要求和评价准则，结合学习过程中的表现开展自我评价、系统评价、小组评价、组长评价、教师评价和企业评价等，并计算出最后得分。

评价项	评分要求	评价准则	分值	自我评价	系统评价	小组评价	组长评价	教师评价	企业评价	得分
基本素养	学习态度	上课出勤	缺勤全扣，迟到早退扣1分	4					√		
		回答问题	根据回答问题情况统计得分	3					√		
	学习能力	高效学习力	学习效率高，不拖拉	2			√				
		学习调整力	根据自身学习情况调整学习进度	2			√				
知识与技能	知识要求	知识学习	在线课程学习情况	5		√					
		知识训练	在线测试分值	5		√					
	技能要求	技能学习	完成技能思维导图	5					√		
		技能训练	快速、准确完成课内训练	5					√		
岗位素养	任务完成	按时提交	在时间点内提交	5		√					
		内容完成	根据完成情况赋分	15			√				
		作品效果	根据作品创新性、创意性、科学性赋分	20			√			√	
	身心素养	劳动层面	按工作流程完成作品	5	√						
		心理层面	调整心理状态，进行情绪管理，完成作品	5	√						
职业素养	思想素养	总结作品思想主旨	能总结出本项目的思想主旨	2			√				
		扩展作品思想主旨	能结合作品说出新的设计思路与主旨	2			√				
	道德素养	协作与沟通	根据协作情况与沟通顺畅度赋分	5				√			
		传播正能量	作品融入正能量，积极健康、乐观向上	10				√			
合计				100							

项目九

宣传单设计

宣传单是一种常见的营销工具,用于向人们介绍某个产品、服务或活动,并促使他们去采取行动。宣传单设计的目标是吸引目标群体的注意力,引起他们的兴趣,并传达关键信息,最终达到促进销售或提高品牌知名度的目的。本项目以不同类型的宣传单为例,讲解宣传单的设计方法和制作技巧。

知识目标

- 了解宣传单的作用。
- 了解宣传单的设计思路。
- 学会宣传单的设计方法。
- 掌握宣传单的制作技巧。

能力目标

- 掌握"美食宣传单"的制作方法。
- 掌握"旅游推介宣传单"的制作方法。
- 掌握"公益类|垃圾分类三折页宣传单"的制作方法。

素质目标

- 培养设计元素与中华文化融合的创新思维。
- 树立保护环境意识,提升社会责任感。
- 具备开展综合分析与解决现实问题的职业能力。

9.1　宣传单设计概述

宣传单是一种适用于各种场合,用于传播信息、宣传活动或产品的印刷品,它通常采用单页的形式,内容包括文字、图片和设计元素,用于吸引注意力并传递相应的信息,如图9-1所示。

图9-1

9.1.1 宣传单的作用

宣传单的作用通常有以下几个方面：

(1) 传播信息和宣传活动：宣传单可以传达特定信息，如公司的产品、服务、活动或促销等。

(2) 提高品牌知名度：通过在宣传单中展示品牌标识、口号和形象，帮助消费者识别和记忆品牌。

(3) 吸引目标受众的兴趣：通过合适的设计和吸引人的内容，吸引目标受众的注意，并促使他们进一步了解宣传单中提到的事物。

(4) 增加销售机会：通过宣传单中的信息和优惠，鼓励读者采取进一步的行动，如参加活动购买产品或服务等。

9.1.2 宣传单的分类

宣传单可以根据不同的目的和用途进行分类，如下所述：

(1) 产品宣传单：用于宣传公司或组织的特定产品、服务或促销活动。

(2) 活动宣传单：用于宣传各类活动，如会议、展览、比赛、演出等。

(3) 公益宣传单：用于传播社会公益信息，号召大家关注、参与公益事业。

(4) 品牌宣传单：以品牌形象为主题，宣传公司或组织整体形象和价值观念。

(5) 教育宣传单：用于学校、培训机构等教育机构宣传，介绍课程、特色等信息。

9.1.3 宣传单的设计思路

在设计和制作宣传单时，需要考虑以下几个思路：

(1) 明确目标和受众：设定明确的目标和受众，了解他们的需求和偏好，以便在设计时能够更好地满足他们的期望。

(2) 简洁明了：宣传单上的文字和图片要尽可能简洁明了，以便读者能够迅速理解和吸收信息，避免混乱和过于复杂的设计。

(3) 强调重点：通过使用大字体、醒目的颜色或突出的图像来强调宣传单中的关键信息，吸引读者的注意。

(4) 色彩和图像选择：选择适当的色彩和图像来搭配宣传单的主题和目标受众，以产生良好的视觉效果和情感共鸣。

(5) 布局和版面设计：合理安排文字、图片和设计元素的布局，使宣传单整体美观、易读和易于理解。

(6) 清晰的联系方式：在宣传单中提供清晰的联系方式，让读者可以方便地与你取得联系或采取进一步的行动。

通过以上的思路，可以设计出具有吸引力和有效传达信息的宣传单。

9.2 制作美食宣传单

9.2.1 案例分析

本例是为烘焙工坊设计制作美食宣传单，以宣传烘焙工坊特色特点为主，在宣传单上要突出面包的 5 种特色，展现出该烘焙工坊的独特卖点。

在设计思路上，使用黄色与橙色作为画面背景，营造出甜蜜温馨的氛围，同时给人以简洁清新的感觉，与宣传的主题相呼应。美味的面包与牛奶在宣传单的中心位置，突出了宣传要点，能让人感受到面包的特色与美味，提高食欲；通过对文字的艺术加工，突出宣传的主题，用色与主题色相呼应，统一性强。

本例将使用"渐变工具""矩形选框工具"和"投影"命令等制作背景图形；使用"不透明度"和"混合模式"选项调整图像；使用"钢笔工具""横排文字工具"和"添加图层样式"按钮制作标题文字；使用"横排文字工具"和"直线工具"添加宣传性文字和绘制直线等。

9.2.2 案例设计

本案例设计流程如图 9-2 所示。

图 9-2

9.2.3 案例制作

1. 制作背景效果

（1）按 Ctrl+N 组合键，弹出"新建"对话框，将"宽度"选项设为"21 厘米"，"高度"选项设为"29.7 厘米"，"分辨率"设为"300 像素/英寸"，"颜色模式"设为"RGB 颜色"，"背景内容"设为"白色"，单击"确定"按钮，新建一个文件。

（2）选择"渐变工具"，单击属性栏中的"点按可编辑渐变"按钮，弹出"渐变编辑器"对话框，在"位置"选项中分别输入 0、100 这 2 个位置点，分别设置 2 个位置点颜色的 RGB 值为 0（253、230、194），100（255、194、170），如图 9-3 所示。单击"确定"按钮，在图像窗口中从左向右拖曳填充渐变色，效果如图 9-4 所示。

（3）选择"矩形工具"，单击属性栏中的"填充"，选择"无颜色"。鼠标单击描边，设置描边类型。单击拾色器，弹出"拾色器（描边颜色）"对话框。设置颜色为橙红色（其 R、G、B 的值分别为 179、110、79），单击"确定"按钮，设置"形状描边宽度"为 12 像素，描边类型选择"虚点"，在图像窗口绘制"矩形边框"，如图 9-5 所示。

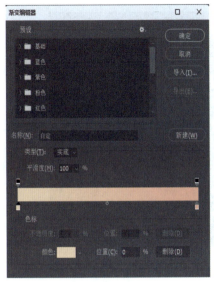

图 9-3　　　　　　　　　　　　　图 9-4

图 9-5

2. 添加主题图片

（1）按 Ctrl + O 组合键，打开云盘中的"Ch09\素材\9.2 制作美食宣传单\素材 3. jpg"文件。选择"移动工具"，将素材 3 拖曳到图像窗口中的适当位置并调整其大小，效果如图 9-6 所示。

（2）按 Ctrl + O 组合键，打开云盘中的"Ch09\素材\9.2 制作美食宣传单\素材 2. jpg"文件，将其中的面包使用"钢笔工具"抠出，选择"移动工具"，将抠出的面包图片拖曳到图像窗口中的适当位置并调整其大小，效果如图 9-7 所示。

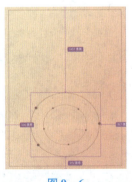
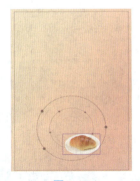

图 9-6　　　　　　　　　　　　　图 9-7

（3）单击"图层"控制面板下方的"添加图层样式"按钮，在弹出的菜单中选择"投影"命令，弹出对话框，设置投影效果，参数设置如图 9-8 所示。

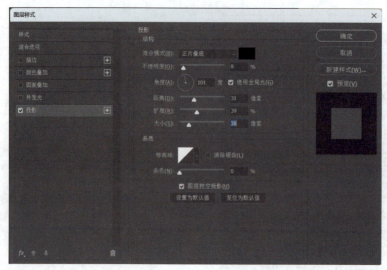

图 9-8

(4) 按 Ctrl+O 组合键,打开云盘中的"Ch09\素材\9.2 制作美食宣传单\素材 2.jpg"文件,将其中的牛奶使用"钢笔工具"抠出。选择"移动工具",将抠出的牛奶图片拖曳到图像窗口中的适当位置并调整其大小,添加投影效果,如图 9-9 所示。参数设置如图 9-10 所示。

(5) 按 Ctrl+O 组合键,打开云盘中的"Ch09\素材\9.2 制作美食宣传单\素材 1.jpg"文件,将其中的面包使用"钢笔工具"抠出。选择"移动工具",将抠出的面包图片拖曳到图像窗口中的适当位置并调整其大小,添加投影效果,如图 9-11 所示。参数设置如图 9-12 所示。

图 9-9

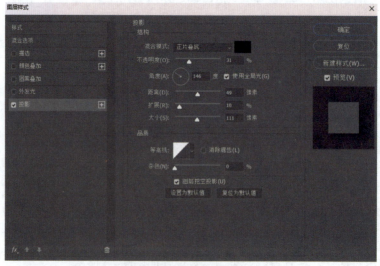

图 9-10

图 9-11

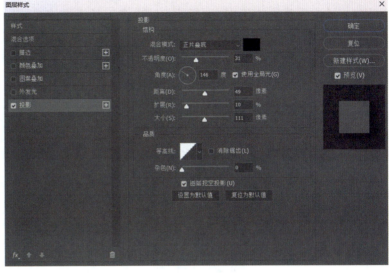

图 9-12

3. 添加其他相关信息

（1）将前景色设为棕色（其 R、G、B 的值分别为 142、84、56），选择"横排文字工具"，在适当位置输入"烘焙工坊"并选取文字，在属性栏中选择合适的字体并设置文字大小，添加图层样式"描边"效果，描边设置如图 9-13 所示，效果如图 9-14 所示。

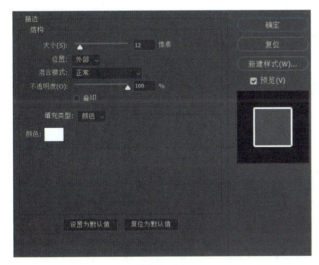

图 9-13

图 9-14

（2）选择工具栏中的"矩形工具"，单击属性栏中的"填充"→"拾色器"，弹出"拾色器（填充颜色）"对话框，填充颜色为棕色（其 R、G、B 的值分别为 142、84、56），单击"确定"按钮，在图像窗口适当位置绘制两条短线，效果如图 9-15 所示。

（3）将前景色设为棕色，选择"横排文字工具"，在适当位置输入"BAKED DESSERT"并选取文字，在属性栏中选择合适的字体并设置文字大小，设置效果及文字位置如图 9-16 所示。

（4）选中需要的文字图层进行编组，单击工具栏中的"图层"→"图层编组"，也可以使用 Ctrl + G 组合键快速编组，双击组，重命名为"主文案"，如图 9-17 所示。

图 9-15　　　　　　　　图 9-16　　　　　　　　图 9-17

（5）选择工具栏中的"椭圆工具"，单击属性栏，设置"填充颜色"为"无"，描边颜色为"棕色"，描边宽度设为"6 像素"，描边类型为"实线"，单击"确定"按钮，并在图像窗口适当位置绘制椭圆，效果如图 9-18 所示。

（6）选择工具栏中的"文字工具"→"横排文字工具"，输入"营养"，设置文字大小及颜色（其 R、G、B 的值分别为 142、84、56），并将其放到合适的位置。按上述方法分别制作"健康、美味、清新、香甜"图层，单独进行编组并重命名，最终效果如图 9-19 所示。

图 9-18　　　　　　　　　　　　图 9-19

（7）选择"矩形工具"，单击属性栏中的"填充"，选择"拾色器"，弹出"拾色器（填充颜色）"对话框，设置颜色为深红色（其 R、G、B 的值分别为 126、59、32），单击"确定"按钮，描边颜色为"无颜色"。在图像窗口适当位置绘制矩形，效果如图 9-20 所示。

（8）将前景色设置为白色（其 R、G、B 的值分别为 255、255、255），选择"横排文字工具"，在适当位置输入需要的文字并选取文字，在属性栏中选择合适的字体并设置文字大小，在"图层"控制面板中生成新的文字图层，效果如图 9-21 所示。

图 9 − 20

图 9 − 21

（9）将前景色设置为棕色（其 R、G、B 的值分别为 142、84、56），选择"横排文字工具"，在适当位置输入需要的文字并选取文字，在属性栏中选择合适的字体并设置文字大小，如图 9 − 22 所示。在"图层"控制面板中生成新的文字图层，用相同的方法设置其余文字及颜色，如图 9 − 23 所示。

图 9 − 22

图 9 − 23

（10）按 Ctrl + O 组合键，打开云盘中的"Ch09\素材\9.2 制作美食宣传单\素材 4.jpg"文件。选择"移动工具"，将素材 4 图片拖曳到图像窗口中的适当位置并调整其大小，复制并翻转一份，组成"前引号"和"后引号"，为其编组，重命名为"宣传文案"。效果如图 9 − 24 所示，图层如图 9 − 25 所示。

图 9 − 24

图 9 − 25

（11）选择"矩形工具"，单击属性栏中的"填充"，选择"拾色器"，弹出"拾色器（填充颜色）"对话框，设置颜色为深红色（其 R、G、B 的值分别为 126、59、32），单击"确定"

按钮,描边颜色为"无颜色"。在图像窗口适当位置绘制矩形,效果如图9-26所示。

(12)选择"矩形工具",单击属性栏,设置"填充颜色"为"无",描边颜色为"白色"(其R、G、B的值分别为255、255、255),描边宽度为"10像素",描边类型为"虚圆点线",单击"确定"按钮,并在图像窗口适当位置绘制矩形,效果如图9-27所示。

(13)将前景色设置为白色(其R、G、B的值分别为255、255、255),选择"直排文字工具",在适当位置输入需要的文字并选取文字,在属性栏中选择合适的字体并设置文字大小,在"图层"控制面板中生成新的文字图层,效果如图9-28所示。

图9-26

图9-27

图9-28

(14)按照以上相同方法制作"健康烘焙",描边类型为"虚线",工具改为"横排文字工具",并编组、重命名,最终效果如图9-29所示。

(15)调整文字大小及其位置,并按照图9-30命名图层组,最终效果如图9-31所示。保存成PSD格式,美食宣传单制作完成。

图9-29

图9-30

图9-31

9.3 制作旅游推介宣传单

制作旅游推介宣传单

9.3.1 案例分析

本例是制作旅游推介宣传单,主要以桂林的美丽山水为主要内容设计制作旅游宣传单。在设计思路上,选择桂林山水特有的绿色和紫色自然风光作为主题色,以突出桂林山水的自然之美和清新感。采用简洁的排版设计，突出主要信息和精美的图片，例如桂林山水的著名景点（如漓江、阳朔、象鼻山等），通过鲜明的主题色彩和简洁大方的布局，使宣传单整体看起来清晰易读，吸引游客对桂林山水的兴趣。

本例将使用"剪切蒙版工具""矩形选框工具"和"投影"命令等，制作背景和主题图像；使用"不透明度"和"混合模式"选项调整图像；使用"钢笔工具""横排文字工具"和"添加图层样式"按钮、图层蒙版制作标题文字；使用"横排文字工具"和"矩形工具"添加宣传性文字和绘制图形等。

9.3.2 案例设计

本案例设计流程如图 9-32 所示。

图 9-32

9.3.3 案例制作

1. 制作背景效果

（1）按 Ctrl + N 组合键，弹出"新建"对话框，将"宽度"选项设为"21.0 厘米"，"高度"选项设为"29.7 厘米"，"分辨率"设为"300 像素/英寸"，"颜色模式"设为"RGB 颜色"，"背景内容"设为"白色"，单击"确定"按钮，新建一个文件。

（2）按 Ctrl + O 组合键，打开云盘中的"Ch09\素材\9.3 制作旅游宣传单\素材1.jpg"文件。选择"移动工具"，将素材1作为背景拖曳到图像窗口中的适当位置，调整其大小并锁定，效果如图 9-33 所示。

（3）按 Ctrl + O 组合键，打开云盘中的"Ch09\素材\9.3 制作旅游宣传单\素材2.jpg"和"Ch09\素材\9.3 制作旅游宣传单\素材3.jpg"文件。选择"移动工具"，将素材2、素材3拖曳到图像窗口中的适当位置并调整其大小，效果如图 9-34 所示。

（4）新建图层，按住 Alt 键单击面板组中的"添加图层蒙版工具"，选择工具栏中的"画笔工具"，调整适合的画笔大小，设置前景色为天蓝色（其 R、G、B 的值分别为 82、174、232），在图像窗口左上角粉刷。单击图层蒙版缩略图，将前景色设为白色，使用画笔在之前粉刷图像的地方继续粉刷。设置图层混合模式为"正片叠底"。效果如图 9-34 所示。将图层蒙版、素材3、素材4合并，选中合并图层和素材2，单击菜单栏中的"图层"，创建剪贴蒙版，也可以使用 Ctrl + Alt + G 组合键快速创建剪贴蒙版，效果如图 9-35 所示。

图 9-33　　　　　　　图 9-34　　　　　　　图 9-35

2. 添加主题图片

（1）导入素材 5，图层设置如图 9-36 所示。新建图层，使用工具栏中的"三角形工具"绘制三角形状，将填充颜色设为橘黄色（其 R、G、B 的值分别为 247、204、106），描边颜色设为紫色（其 R、G、B 的值分别为 108、32、117），并为其添加图层样式描边。图层面板如图 9-36 所示，效果如图 9-37 所示。添加剪切蒙版，最终效果如图 9-38 所示。

图 9-36　　　　　　　图 9-37　　　　　　　图 9-38

（2）导入素材 6～素材 9，按照上述步骤分别添加剪切蒙版，将其放入三角形中并摆放至合适的位置，图层如图 9-39 所示，效果如图 9-40 所示。

图 9-39　　　　　　　　　　　　图 9-40

（3）将前景色设置为紫色（其 R、G、B 的值分别为 131、38、138），选择"横排文字工具"，在适当位置输入需要的文字并选取文字，在属性栏中选择合适的字体并设置文字大小，为其添加描边投影，图层如图 9-41 所示，效果如图 9-42 所示。

图 9-41

图 9-42

（4）按 Ctrl+O 组合键导入素材 10，如图 9-43 所示，并为其制作剪贴蒙版，效果如图 9-44 所示。

图 9-43

图 9-44

3. 添加其他相关信息

（1）单击工具栏中的"矩形工具"，填充颜色为紫色，无描边颜色，设置"圆角的半径"为 8 像素，在图像窗口绘制圆角矩形，使用工具栏中的"横排文字工具"，在适当位置输入需要的文字并选取文字，选择合适的字体、大小，效果如图 9-45 所示。图像窗口下方使用同样方法进行制作（圆角半径为 0），效果如图 9-46 所示。

图 9-45

图 9-46

（2）使用工具栏中的"横排文字工具"，在适当位置添加文字并为其设置合适的字体及大小，图层设置如图 9-47 所示，效果如图 9-48 所示。

图 9-47

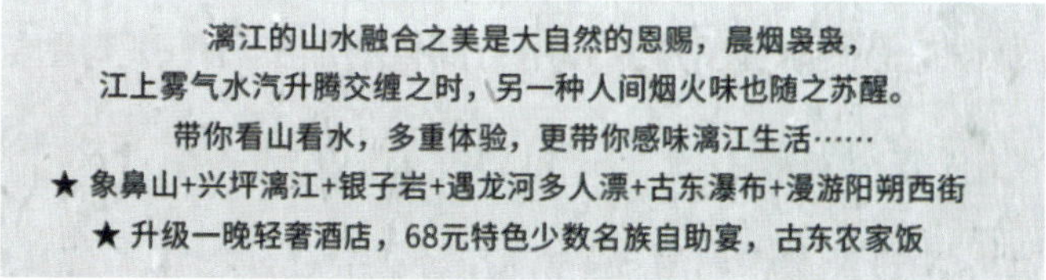

图 9-48

(3)最终效果如图 9 – 49 所示。保存成 PSD 格式，旅游推介宣传单制作完成。

图 9 – 49

9.4　制作公益类｜垃圾分类三折页宣传单

9.4.1　案例分析

近年来，随着我国经济水平日益提高，人们的物质消费水平不断提升，相对应的垃圾产生量也在迅速增长，由垃圾产生的问题日益突出，推行垃圾分类势在必行。

在设计思路上，如图 9 – 50 所示，背景中包含了地球、垃圾和垃圾桶等，准确地突出了主题。正面的文字进一步强调主题，排版上具有现代简约的感觉。使用三折页形式排版，使信息更加清晰明了，层次分明。

本例将使用"透明度"对背景图像进行透明处理，使用"区域文字"按钮和"椭圆工具"制作正面微渐变图形，使用"颜色叠加工具"进行图标颜色更改。

制作公益类｜垃圾分类三折页宣传单

9.4.2　案例设计

本案例设计流程如图 9 – 50 所示。

图 9-50

9.4.3 案例制作

1. 创建文档并分隔三栏

（1）按 Ctrl + N 组合键，弹出"新建"对话框，将"宽度"选项设为"29.7 厘米"，"高度"选项设为"21 厘米"，"分辨率"设为"300 像素/英寸"，"颜色模式"设为"RGB 颜色"，"背景内容"设为"白色"，单击"确定"按钮，新建一个文件。

（2）选择"矩形工具"，单击画布，弹出"创建矩形"对话框，将"宽度"选项设为"99 毫米"，"高度"选项设为"210 毫米"，"半径"选项均设为"0 像素"，新建一个矩形图形。

（3）选择矩形图形，按 Ctrl + J 组合键，复制此矩形图形 2 次，将 3 个"矩形图形"均匀对齐分布到画布"左""中""右"对应位置。分别选择"左""右"两个矩形图形，在"图层"窗口单击"添加图层样式"和"渐变叠加工具"，单击属性栏中的"渐变色块"按钮，弹出"渐变编辑器"对话框。在"位置"选项中分别输入 0、100 这 2 个位置点，分别设置 2 个位置点颜色的 RGB 值为 0（255、255、255）和 100（135、221、254），如图 9-51 所示。单击"确定"按钮，"样式"设为"线性"，"角度"设为"90 度"，如图 9-52 所示。版面效果如图 9-53 所示。

2. 制作右侧封面页

（1）选择"矩形工具"，单击画布，弹出"创建椭圆"对话框，将"宽度"选项设为"80 毫米"，"高度"选项设为"80 毫米"，绘制一个椭圆图形。重复此操作，再绘制一个

"宽度"为"100毫米","高度"为"100毫米"的椭圆图形,将其移动到合适位置,如图9-54所示。

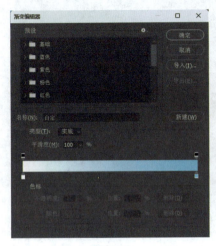

图9-51

图9-52

(2)按Ctrl+O组合键,打开云盘中的"Ch09\素材\9.4制作公益类垃圾分类三折页宣传单\素材01.jpg"和"Ch09\素材\9.4制作公益类垃圾分类三折页宣传单\素材02.jpg"文件。选择"移动工具",将素材01、素材02拖曳到图像窗口中的适当位置并调整其大小,效果如图9-55所示。

(3)选择"钢笔工具",单击画布,依照案例制作图形。选择"渐变工具",单击属性栏中的"点按可

图9-53

编辑渐变"按钮,弹出"渐变编辑器"对话框。在"位置"选项中分别输入0、100这2个位置点,分别设置2个位置点颜色的RGB值为0(104、195、175)和100(153、231、150),单击"确定"按钮,在图像窗口中从左向右拖曳填充渐变色,效果如图9-56所示。

(4)选择"横排文字工具",单击画布,输入主标题"垃圾分类,从我做起",在文字属性栏中单击颜色,将颜色的R、G、B的值分别调整为9、144、82。输入副标题"垃圾分类,从我做起",将颜色的R、G、B的值分别调整为9、144、82。输入辅助文字"垃圾分类,举手之劳;变废为宝,美化家园。",将颜色的R、G、B的值分别调整为0、0、0,如图9-57所示。

(5)选择主标题"垃圾分类,从我做起",为其添加"描边"及"投影"效果。在"图层"菜单中单击"添加图层样式",选择"描边"选项,添加大小为18像素,位置为外部,颜色调整为白色(其R、G、B的值分别为255、255、255)的描边样式。选择"投影",设置混合模式为"正片叠底",颜色的R、G、B的值分别调整为2、47、26,不透明度设置为64%,角度为90°,距离设置为19像素,扩展为27%,大小为24像素,如图9-58和图9-59所示。

图9-54

图9-55

图9-56

图9-57

未加效果
图9-58

添加效果
图9-59

3. 制作左侧内容页

（1）按 Ctrl + O 组合键，打开云盘中的"Ch09\素材\9.4 制作公益类垃圾分类三折页宣传单\素材03.jpg"和"Ch09\素材\9.4 制作公益类垃圾分类三折页宣传单\素材04.jpg"文件，选择"移动工具"，将素材03和素材04拖曳到图像窗口中的适当位置并调整其大小，效果如图9-60所示。

（2）选择"横排文字工具"，单击画布，补充素材图形文字，将颜色调整为白色，如图9-61与图9-62所示。输入内容页主标题"可回收垃圾"，在文字属性栏中单击颜色，将颜色调整为白色。输入简介，将颜色的 R、G、B 的值分别调整为44、143、122。效果如图9-63与图9-64所示。

（3）使用"矩形工具"为标题"可回收垃圾"制作底色。单击画布，创建一个宽度为30毫米、高度为10毫米的矩形，颜色的 R、G、B 的值分别调整为19、159、131，并将其移动到指定位置对齐，效果如图9-65所示。

（4）按 Ctrl + O 组合键，打开云盘中的"Ch09\素材\9.4 制作公益类垃圾分类三折页宣传单\素材05.jpg"文件。选择"移动工具"，将素材05拖曳到图像窗口中的适当位置并调整其大小，为其添加颜色叠加效果。在"图层"菜单中单击"添加图层样式"，选择"颜色叠加"选项。混合模式选择"正常"，将颜色的 R、G、B 的值分别调整为60、140、204，不透明度为100%，如图9-66与图9-67所示。

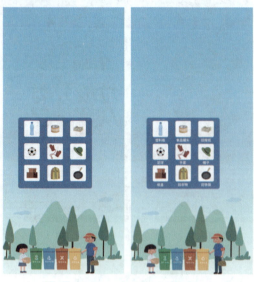

图 9 – 60　　　　　图 9 – 61　　　　　图 9 – 62　　　　　图 9 – 63

图 9 – 64　　　　　　　　　　图 9 – 65

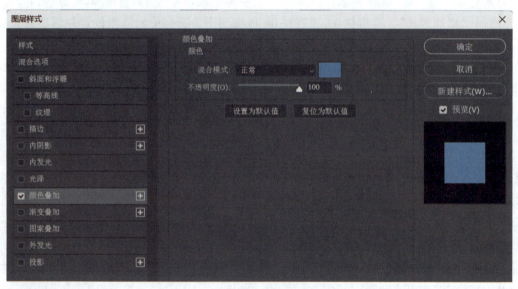

图 9 – 66

（5）选择"矩形工具"，单击画布，新建一个长、宽均为 13 毫米，半径为 30 像素的圆角矩形，将其填充色更改为"无颜色"，描边颜色的 R、G、B 的值分别调整为 60、140、204。将其与素材移动到对应位置，添加文字"可回收物"，如图 9-68 所示。

图 9-67

图 9-68

4. 制作中间封底页

（1）按 Ctrl + O 组合键，打开云盘中的"Ch09\素材\9.4 制作公益类垃圾分类三折页宣传单\素材 05.jpg"和"Ch09\素材\9.4 制作公益类垃圾分类三折页宣传单\素材 06.jpg"文件。选择"移动工具"，将素材 05、素材 06 拖曳到图像窗口中的适当位置并调整其大小，效果如图 9-69 所示。

（2）使用"横排文字工具"，输入文字"全国统一免费服务热线：98960""NATIONAL UNIFIED FREE SERVICE HOTLINE"，放到合适位置，效果如图 9-70 所示。公益类｜垃圾分类三折页宣传单制作完成，效果如图 9-71 所示。

图 9-69　　　　　图 9-70　　　　　　　　图 9-71

拓展练习　制作公益类｜垃圾分类宣传三折页反面

 练习知识要点

使用"横排文字工具""横排区域文字工具""矩形工具"和"椭圆工具"制作拓展练习，效果如图 9-72 所示。

 效果所在位置

云盘\Ch09\效果\9.4 制作公益类垃圾分类三折页宣传单\制作公益类垃圾分类三折页宣传单.psd。

扩展练习——制作垃圾分类宣传三折页反面

图 9－72

项目评价

根据下表评分要求和评价准则，结合学习过程中的表现开展自我评价、系统评价、小组评价、组长评价、教师评价和企业评价等，并计算出最后得分。

评价项	评分要求	评价准则	分值	自我评价	系统评价	小组评价	组长评价	教师评价	企业评价	得分
基本素养	学习态度	上课出勤	缺勤全扣，迟到早退扣1分	4					√		
		回答问题	根据回答问题情况统计得分	3					√		
	学习能力	高效学习力	学习效率高，不拖拉	2			√				
		学习调整力	根据自身学习情况调整学习进度	2			√				
知识与技能	知识要求	知识学习	在线课程学习情况	5		√					
		知识训练	在线测试分值	5		√					
	技能要求	技能学习	完成技能思维导图	5					√		
		技能训练	快速、准确完成课内训练	5					√		

续表

评价项	评分要求	评价准则	分值	自我评价	系统评价	小组评价	组长评价	教师评价	企业评价	得分
岗位素养	任务完成	按时提交	在时间点内提交	5		√					
岗位素养	任务完成	内容完成	根据完成情况赋分	15			√				
岗位素养	任务完成	作品效果	根据作品创新性、创意性、科学性赋分	20			√			√	
岗位素养	身心素养	劳动层面	按工作流程完成作品	5	√						
岗位素养	身心素养	心理层面	调整心理状态，进行情绪管理，完成作品	5	√						
职业素养	思想素养	总结作品思想主旨	能总结出本项目的思想主旨	2			√				
职业素养	思想素养	扩展作品思想主旨	能结合作品说出新的设计思路与主旨	2			√				
职业素养	道德素养	协作与沟通	根据协作情况与沟通顺畅度赋分	5				√			
职业素养	道德素养	传播正能量	作品融入正能量，积极健康、乐观向上	10				√			
		合计		100							

项目十

海报设计

海报是一种大众化的广告载体，又名"招贴"或"宣传画"。海报具有尺寸大、远视性强、艺术性高的特点，在宣传媒介中占有重要的地位。海报设计是一种重要的视觉传达方式，通过精心设计的布局、视觉元素和文字，传达信息、吸引目标受众并塑造品牌形象。本项目以多个主题的海报为例，讲解海报的设计方法和制作技巧。

知识目标

- ➢ 了解海报的概念。
- ➢ 了解海报的作用。
- ➢ 了解海报的分类。
- ➢ 掌握海报的设计思路。
- ➢ 掌握海报的设计方法和制作技巧。

能力目标

- ➢ 会运用所学的工具综合处理图片，完成海报设计制作。
- ➢ 掌握"美食海报"的制作方法。
- ➢ 掌握"公益海报"的制作方法。
- ➢ 掌握"书法培训班海报"的制作方法。
- ➢ 掌握"护肤品海报"的制作方法。

素质目标

- ➢ 养成挖掘中华文化、弘扬中华文化的设计思维。
- ➢ 树立环保理念，提升节水意识。
- ➢ 具备团队合作与沟通协调的职业素质。

10.1 海报设计概述

海报分布在街道、影剧院、展览会、商业、公园等公共场所，用来完成一定的宣传任务。海报设计是一种通过图像和文字来传达信息、吸引目标受众及引起共鸣的视觉传达方式。它通常被用于广告、宣传、宴会、演出等活动，旨在吸引人们的注意力并传达特定的信息，如图 10-1~图 10-3 所示。

图 10 – 1

图 10 – 2

图 10 – 3

10.1.1 海报的作用

海报的作用通常有以下几个方面：

（1）传达信息：海报通过图像和文字的组合来传达特定的信息，如产品介绍、活动宣传、信息提示等。

（2）吸引目标受众：通过精心设计的海报，可以吸引目标受众的注意力，增加他们对所传达信息的兴趣。

（3）增强记忆和认知：视觉元素和文字的结合可以增加人们对信息的记忆和认知，使其更容易被理解和接受。

（4）塑造品牌形象：海报可以通过设计风格和视觉元素来塑造品牌形象，提升品牌的知名度和认可度。

10.1.2 海报的分类

海报的分类如下：

（1）剧院海报：用于电影、戏剧等演出的宣传海报，通常包含主要角色的形象、活动时间和地点等信息。

（2）商品广告海报：用于宣传产品或服务的海报，目的是吸引人们购买或使用特定产品。

（3）活动海报：用于宣传特定活动或社交聚会的海报，如音乐会和展览等。

10.1.3 海报的设计思路

在设计和制作宣传单时，需要考虑以下几个思路：

（1）简洁明了：海报的设计应该简洁明了，以便人们快速理解信息，避免信息过于冗杂，影响传达效果。

（2）引人注目：海报应该具有吸引人们注意的视觉效果，如鲜明的色彩、大胆的排版、引人注目的图像等。

（3）重点突出：通过使用对比色、尺寸、对齐等设计手法，突出重点信息，使其在整个海报中更加凸显。

（4）结构布局：合理的结构布局可以帮助人们更好地理解信息，比如使用网格系统、层次分明的排版等。

（5）品牌一致性：海报的设计应与品牌形象保持一致，使用品牌的颜色、字体和视觉元素等，以提高品牌的辨识度。

（6）创造情感共鸣：通过合适的图像、文字和情感表达，可引起目标受众的共鸣，从而增强宣传效果。

10.2　制作美食海报

10.2.1　案例分析

制作美食海报

本例是为新店开业活动制作宣传海报，要求抓住活动产品的特色和销售卖点进行设计，能够吸引消费者。

在设计思路上，暖色调的橙色背景起到衬托宣传主体的作用，同时，能引发人们的食欲，达到宣传的目的。简洁清晰的宣传文字能使消费者快速接收到主要信息，让人一目了然，印象深刻。肥牛饭置于文字下方，醒目突出，宣传性强。

本例将使用"自定形状工具"绘制不规则形状，使用"旋转工具"绘制背景，使用"添加图层样式"按钮、"蒙版"调整产品图片，使用"横排文字工具"制作宣传语，使用"钢笔工具"抠产品图。

10.2.2　案例设计

本案例设计流程如图 10-4 所示。

图 10-4

10.2.3　案例制作

1. 制作背景底图

（1）按 Ctrl+N 组合键，弹出"新建"对话框，将"宽度"选项设为"40 厘米"，"高度"选项设为"60 厘米"，"分辨率"设为"300 像素/英寸"，"颜色模式"设为"RGB 颜色"，"背景内容"设为"白色"，单击"确定"按钮，新建一个文件。将前景色设为米色（其 R、G、B 的值分别为 243、227、201），按 Alt+Delete 组合键，用前景色填充"背景"图层，效果如图 10-5 所示。

（2）在菜单栏中单击"视图"→"参考线"→"新建参考线"，弹出对话框，选择"水平"

方向,"位置"选项设为"50%",单击"确定"按钮,如图10-6所示。通过同样的操作,选择"垂直"方向,"位置"设为"50%",单击"确定"按钮。

(3)单击"图层"控制面板下方的"创建图层"按钮,生成新的图层。在工具栏中选择"钢笔工具",在图像窗口中拖曳鼠标绘制不规则图形。按Ctrl+Enter组合键,转换成"选区"。将前景色设为深米色(其R、G、B的值分别为230、212、183),按Alt+Delete组合键,用前景色填充"不规则图形"图层。效果如图10-7所示。

图10-5

图10-6

图10-7

(4)在图层中选中绘制的不规则图形,按Ctrl+T组合键进入自由变换操作状态,将中间的"圆心"拖到右上角,在上方属性栏中将角度设置为"15度",按Enter键确认操作,此时连续按Alt+Ctrl+Shift+T组合键即可完成连续复制旋转。效果如图10-8所示。在"图层"控制面板中,按住Ctrl键的同时,选中需要的图层,单击"图层"控制面板下方的"创建新组"按钮,生成新的图层组,重命名为"旋转背景线条"。效果如图10-9所示。

(5)选择工具栏中的"矩形工具",在弹出的对话框中新建一个宽度为"29厘米",高度为"0.4厘米"的矩形,按Enter键确认操作。在属性栏菜单中选择"填充"命令,弹出对话框,将"颜色"设为绿色(其R、G、B的值分别为25、96、61),描边为"无"。

选择工具栏中的"矩形工具",在弹出的对话框中新建一个宽度为"29厘米",高度为"0.2厘米"的矩形,按Enter键确认操作。效果如图10-10所示。

图10-8

图10-9

图10-10

（6）选择工具栏中的"椭圆工具"，在弹出的对话框中新建一个宽度为"7 厘米"，高度为"7 厘米"的椭圆，按 Enter 键确认操作。在属性栏菜单中选择"填充"命令，弹出对话框，将"颜色"设为红色（其 R、G、B 的值分别为 171、58、61），描边为"无"，按住 Alt 键的同时，拖曳鼠标指针复制 3 个圆。在"图层"控制面板中，按住 Ctrl 键的同时，选中需要的图层，按 Ctrl + E 组合键合并。单击"图层"控制面板下方的"添加图层样式"按钮，在弹出的菜单中选择"描边""外发光"命令，弹出对话框，选项的设置如图 10 – 11 所示，单击"确定"按钮，效果如图 10 – 12 所示。

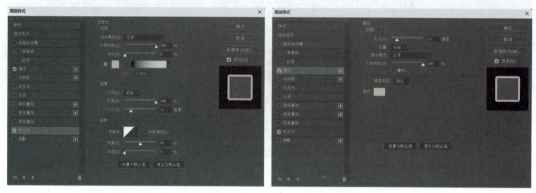

图 10 – 11

（7）选择工具栏中的"圆角矩形工具"，在弹出的对话框中新建一个宽度为"33 厘米"，高度为"50 厘米"，半径为"200 像素"的圆角矩形，单击"确定"按钮。选项的设置如图 10 – 13 所示。在属性栏中，将填充设置为"无"，描边设置为"70 像素"，选项的设置如图 10 – 14 所示。按 Ctrl + C 组合键复制一个"圆角矩形"，缩放到合适位置，效果如图 10 – 15 所示。

图 10 – 12

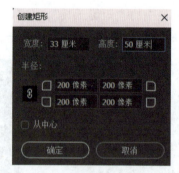

图 10 – 13

图 10 – 14

（8）选择工具栏中的"矩形工具"，在弹出的对话框中新建一个宽度为"22 厘米"，高度为"2 厘米"的矩形，单击"确定"按钮。在属性栏中选择"填充"命令，弹出对话框，将"颜色"设为绿色（其 R、G、B 的值分别为 25、96、61），无描边，效果如图 10-16 所示。

（9）选择工具栏中的"矩形工具"，在弹出的对话框中新建一个宽度为"28 厘米"，高度为"20 厘米"的矩形，单击"确定"按钮，将"颜色"设为绿色（其 R、G、B 的值分别为 25、96、61），无描边，效果如图 10-17 所示。

（10）选择工具栏中的"矩形工具"，在弹出的对话框中新建一个宽度为"27 厘米"，高度为"19 厘米"的矩形，单击"确定"按钮。将"颜色"设为米色（其 R、G、B 的值分别为 240、225、199），无描边。效果如图 10-18 所示。

图 10-15

图 10-16

图 10-17

图 10-18

（11）选择工具栏中的"矩形工具"，在弹出的对话框中新建一个宽度为"27 厘米"，高度为"3 厘米"的矩形，单击"确定"按钮。在属性栏中选择"填充"命令，弹出对话框，将"颜色"设为红色（其 R、G、B 的值分别为 172、52、54），无描边，效果如图 10-19 所示。

（12）选择工具栏中的"矩形工具"，在弹出的对话框中新建 2 个宽度为"0.7 厘米"，高度为"5 厘米"的矩形，单击"确定"按钮。在属性栏中选择"填充"命令，弹出对话框，将"颜色"设为红色（其 R、G、B 的值分别为 175、51、36），无描边，效果如图 10-20 所示。

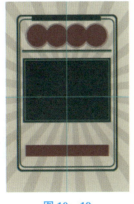

图 10-19

图 10-20

（13）按 Ctrl + O 组合键，打开云盘中的"Ch10\素材\10.2 美食海报素材\01 美食.jpg"文件。在工具栏中选择"钢笔工具"，使用鼠标进行拖曳，绘制路径，按 Ctrl + Enter 组合键，转换成选区。按 Ctrl + Shift + I 组合键反选，按 Delete 键删除背景。选择"移动工具"，将"美食"图片拖曳到图像窗口中适当位置，单击"图层"控制面板下方的"图层混合模式"，改为"正片叠底"，效果如图 10 - 21 所示。在"图层"控制面板中生成新的图层并将其命名为"美食投影"。

（14）选中"美食投影"图层，拖曳到"图层"控制面板下方的"新建图层"按钮上，复制生成新的图层。选中"美食投影"图层，单击"图层"控制面板下方的"矢量蒙版"按钮，添加蒙版，如图 10 - 22 所示，在工具栏中单击"橡皮擦工具"，在属性栏中调整"不透明度"为 50%，流量为 50%。在添加的"蒙版"里用"橡皮擦"擦去未抠干净的边缘。效果如图 10 - 23 所示。

图 10 - 21　　　　　　图 10 - 22　　　　　　图 10 - 23

2. 添加并编辑标题文字

（1）将前景色设为米色（其 R、G、B 的值分别为 243、227、201）。选择"横排文字工具"，在适当位置输入文字并选取文字，在属性栏中选择合适的字体并设置文字大小，效果如图 10 - 24 所示。在"图层"控制面板中生成新的文字图层。

（2）将前景色设为米色（其 R、G、B 的值分别为 252、245、231）。选择"横排文字工具"，在适当位置输入文字并选取文字，在属性栏中选择合适的字体并设置文字大小，效果如图 10 - 25 所示。在"图层"控制面板中生成新的文字图层。

图 10 - 24　　　　　　图 10 - 25

(3) 将前景色设为绿色（其 R、G、B 的值分别为 25、96、61）。选择"横排文字工具"，在适当位置输入文字并选取文字，在属性栏中选择合适的字体并设置文字大小，效果如图 10-26 所示。在"图层"控制面板中生成新的文字图层。

(4) 按 Ctrl + O 组合键，打开云盘中的"Ch10\素材\10.2 美食海报素材\02 地址.jpg"文件，放到相应位置，效果如图 10-27 所示。

图 10-26

图 10-27

10.3 制作公益海报

10.3.1 案例分析

制作公益海报

本案例是制作公益海报，主题是节约用水，设计的目的是宣传节约用水意识，鼓励人们采取行动节约用水。

在海报中使用简洁而有力的文字"珍惜生命源泉，节约每一滴水"，使主题突出和明确。选择的图像是一双手托举一个地球，地球上开出一片象征生命的绿叶，引起人们的共鸣。通过以上设计元素，激发人们节约用水的行动，从而实现节约用水的目标。

本例将使用"填充工具""矩形选框工具"和"文字工具"等制作背景；使用"不透明度"和"混合模式"选项调整图像；使用"钢笔工具""横排文字工具"制作主题文字和图片；使用"横排文字工具"和"矩形选框工具"添加宣传性文字等。

10.3.2 案例设计

本案例设计流程如图 10-28 所示。

10.3.3 案例制作

1. 制作背景效果

(1) 按 Ctrl + N 组合键，弹出"新建"对话框，将宽度选项设为"25 厘米"，高度选项设为"37 厘米"，分辨率设为"300 像素/英寸"，颜色模式设为"RGB 颜色"，背景内容设

图 10 – 28

为淡蓝色（其 R、G、B 的值分别为 187、225、242），单击"确定"按钮，新建一个文件。颜色设置如图 10 – 29 所示，图像效果如图 10 – 30 所示。

图 10 – 29　　　　　　　　　　　　图 10 – 30

（2）按 Ctrl + O 组合键，打开云盘中的"Ch10\素材\10.3 制作公益海报\01 旋涡.jpg"文件。选择"移动工具"，将 01 图片拖曳到图像窗口中的适当位置并调整其大小，效果如图 10 – 31 所示。在"图层"控制面板中生成新的图层并将其命名为"漩涡"。图层效果如图 10 – 32 所示。

图 10 – 31　　　　　　　　　图 10 – 32

2. 添加主题图片和文字

（1）按 Ctrl + O 组合键，打开云盘中的"Ch10\素材\10.3 制作公益海报\02 地球.jpg"文件。选择"移动工具"，将图片拖曳到图像窗口中的适当位置并调整其大小，效果如图 10 – 33 所示。在"图层"控制面板中生成新的图层，并将其命名为"地球"，如图 10 – 34 所示。

图 10 – 33　　　　　　　　　图 10 – 34

（2）按 Ctrl + O 组合键，打开云盘中的"Ch10\素材\10.3 制作公益海报\03 树叶.jpg"文件，如图 10 – 35 所示。利用钢笔工具抠出素材，素材效果如图 10 – 36 所示。选择"移动工具"，将树叶拖曳到图像窗口中的适当位置并调整其大小，效果如图 10 – 37 所示。

图 10 – 35　　　　　　　图 10 – 36　　　　　　　图 10 – 37

（3）将前景色设为深蓝色（其 R、G、B 的值分别为 25、73、157）。选择"横排文字工具"，在适当位置输入需要的文字并选取文字，在属性栏中选择合适的字体并设置文字大小，如图 10 – 38 和图 10 – 39 所示。

3. 添加相关信息及装饰图形

（1）按 Ctrl + O 组合键，打开云盘中的"Ch10\素材\10.3 制作公益海报\04 文字.jpg"文件。选择"移动工具"，将文字拖曳到图像窗口中的适当位置并调整其大小，效果如图 10 – 40 所示。

（2）将前景色设为深蓝色（其 R、G、B 的值分别为 25、73、157），颜色效果如图 10 – 41 所示。选择"横排文字工具"，在适当位置输入需要的文字并选取文字，在属性栏中选择合适的字体并设置文字大小，效果如图 10 – 42 所示。利用矩形工具隔开文字，效果如图 10 – 43 所示。

图 10-38

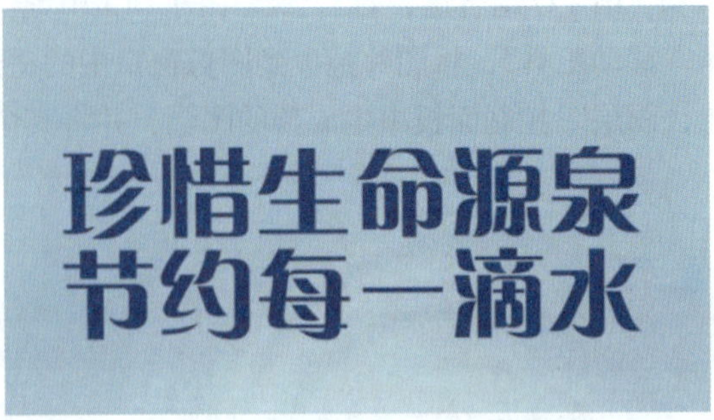

图 10-39

图 10-40

图 10-41

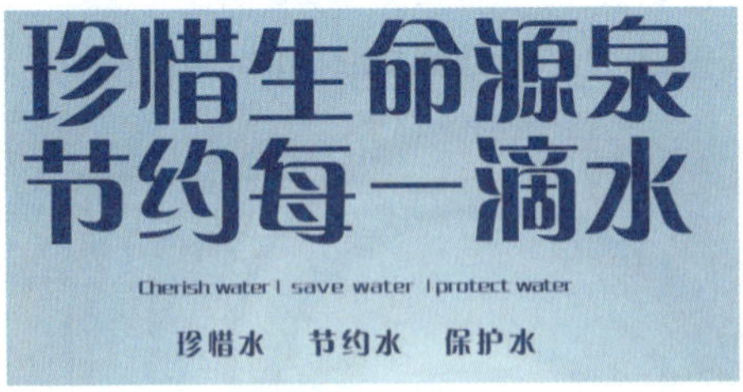

图 10-42

图 10-43

（3）将前景色设为深蓝色（其 R、G、B 的值分别为 25、73、157）。选择"横排文字工具"，在适当位置输入文字"唤起公众的节水意识，加强水资源保护。为满足人们日常生活、商业和农业对水资源的需求，联合国长期以来致力于解决因水资源需求上升而引起的全球性水危机"并选取文字，在属性栏中选择合适的字体并设置文字大小。

（4）将前景色设为深蓝色（其 R、G、B 的值分别为 25、73、157）。选择"直排文字工具"，在适当位置输入需要的文字并选取文字，在属性栏中选择合适的字体并设置文字大小，利用矩形工具隔开文字。按 Ctrl + J 组合键复制上一图层文字，放到页面右下角。效果如图 10-44 所示。

（5）将前景色设为深蓝色（其 R、G、B 的值分别为 25、73、157）。选择"横排文字工具"，在适当位置输入需要的文字并选取文字，在属性栏中选择合适的字体并设置文字大小。效果如图 10-45 所示。

（6）按 Ctrl + O 组合键，打开云盘中的"Ch10\素材\10.3 制作公益海报\05 泡泡.jpg"文件。选择"移动工具"，将图片拖曳到图像窗口中的适当位置并调整其大小。效果如图 10-46 所示。

（7）将前景色设为白色（其 R、G、B 的值分别为 255、255、255）。选择"横排文字工具"，在适当位置输入需要的文字并选取文字，在属性栏中选择合适的字体并设置文字大小，效果如图 10-46 所示。

（8）按 Shift + Ctrl + S 组合键调出"存储为"界面，将原文件存储为 PSD 格式。节约用水海报制作完成。

图 10-44

图 10-45

图 10-46

练习知识要点

拓展练习1　制作书法培训班海报

拓展练习1——
制作书法培训班海报

使用"横排文字工具""直排文字工具"及"圆角矩形工具"添加宣传性文字。效果如图 10-47 所示。

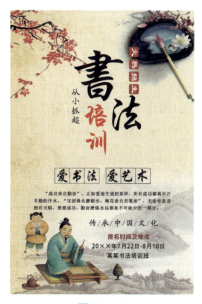
图 10-47

效果所在位置

云盘\Ch10\效果\拓展练习1\书法培训班海报.psd。

练习知识要点

拓展练习2　制作护肤品海报

用"渐变工具"绘制背景及展台圆，利用"横排文字工具"添加标题和说明性文字。效果如图10-48所示。

图10-48

效果所在位置

云盘\Ch10\效果\拓展练习2\制作护肤品海报.psd。

项目评价

根据下表评分要求和评价准则，结合学习过程中的表现开展自我评价、系统评价、小组评价、组长评价、教师评价和企业评价等，并计算出最后得分。

评价项	评分要求		评价准则	分值	自我评价	系统评价	小组评价	组长评价	教师评价	企业评价	得分
基本素养	学习态度	上课出勤	缺勤全扣，迟到早退扣1分	4					√		
		回答问题	根据回答问题情况统计得分	3					√		
	学习能力	高效学习力	学习效率高，不拖拉	2			√				
		学习调整力	根据自身学习情况调整学习进度	2			√				
知识与技能	知识要求	知识学习	在线课程学习情况	5		√					
		知识训练	在线测试分值	5		√					
	技能要求	技能学习	完成技能思维导图	5					√		
		技能训练	快速、准确完成课内训练	5					√		
岗位素养	任务完成	按时提交	在时间点内提交	5		√					
		内容完成	根据完成情况赋分	15			√				
		作品效果	根据作品创新性、创意性、科学性赋分	20			√			√	
	身心素养	劳动层面	按工作流程完成作品	5	√						
		心理层面	调整心理状态，进行情绪管理，完成作品	5	√						
职业素养	思想素养	总结作品思想主旨	能总结出本项目的思想主旨	2			√				
		扩展作品思想主旨	能结合作品说出新的设计思路与主旨	2			√				
	道德素养	协作与沟通	根据协作情况与沟通顺畅度赋分	5				√			
		传播正能量	作品融入正能量，积极健康、乐观向上	10				√			
			合计	100							

项目十一

平面广告设计

平面广告以平面媒体,如报纸、杂志、宣传册、海报等为载体,通过使用文字、图像、颜色等元素来传达广告的宣传信息。平面广告可以通过视觉设计和文字表达创造出独特的形象和风格,以突出产品、品牌或服务的特点和价值。本项目以多个题材的广告为例,讲解广告的设计方法和制作技巧。

知识目标

- 了解平面广告的特点。
- 了解平面广告的分类。
- 掌握平面广告的设计思路。
- 掌握平面广告的制作方法。
- 掌握平面广告的设计技巧。

能力目标

- 掌握"招聘广告"的制作方法。
- 掌握"粮食宣传广告"的制作方法。
- 掌握"十二节气——立春广告"的制作方法。
- 掌握"音像店耳机宣传广告"的制作方法。

素质目标

- 具有创造思维和创新理念。
- 具有绿色、安全、科学、健康的饮食理念。
- 树立注重工作流程的职业态度。

11.1 平面广告设计概述

平面广告是一种通过平面媒体传播的广告形式。平面广告通常以静态的形式呈现,观众可以通过视觉感知来获取广告的内容和信息。创意广告效果如图 11-1 所示。

图 11-1

11.1.1 平面广告的特点

平面广告的特点包括：

（1）传达信息的直接性：平面广告通过图片、文字和图形等元素直接传达信息，观众可以迅速获取到广告的核心内容。

（2）视觉冲击力强：平面广告通常使用色彩、形象、构图等视觉元素，具有较强的视觉吸引力和冲击力，能够吸引目标受众的注意。

（3）拓展传播范围：平面广告可以通过报纸、杂志、宣传册、海报等印刷媒体，以及户外广告牌、广播、电视等媒体进行传播，较好地覆盖了不同的受众群体。

（4）信息持久性：平面广告的信息在媒体上可以长期存在，观众可以多次浏览和记忆，提高了广告的宣传效果和品牌形象的持久影响力。

（5）适应多种设计风格：平面广告具有较大的设计自由度，可以根据宣传目的和受众特点选择不同的设计风格，从简约、现代到艺术、创意等多种风格。

（6）与其他媒体形式整合：平面广告可以与其他媒体形式相结合，例如电视广告中的平面画面、网页广告中的平面图片等，提升整体宣传效果。

（7）精准定位受众：平面广告可以通过选择合适的媒体和传播渠道，以及精确的定位和受众分析，将广告投放给目标受众，提高广告的有效触达率。

这些特点使平面广告成为宣传推广、品牌建设和产品营销中不可或缺的一种重要工具。

11.1.2 平面广告的分类

平面广告根据宣传媒体、传递方式和宣传内容等方面的不同，可以分为以下几种类型：

（1）印刷媒体广告：包括报纸广告、杂志广告、宣传册、海报等，在印刷媒体上发布，通过图片和文字传递宣传信息。

（2）户外广告：包括广告牌、灯箱广告、公交车身广告等，在户外空间展示，吸引行人和过往车辆的注意。

（3）电视广告：通过电视媒体播放的广告，结合音频和视频元素，更生动地传达宣传信息。

（4）广播广告：通过广播媒体播放的广告，主要借助声音和语言传递宣传信息。

（5）数字广告：包括网络广告、社交媒体广告、搜索引擎广告等，利用互联网和数字技术传播宣传信息。

（6）室内广告：包括电梯广告、楼宇大堂广告、地铁广告等，在室内公共场所展示，吸引目标受众的注意。

（7）移动广告：包括在移动设备上的广告，如手机应用内的广告、移动网站广告等，随着移动设备的普及，移动广告越来越重要。

（8）广告特殊形式：还有一些特殊形式的平面广告，如立体广告、标志性建筑广告等，通过创意的表现形式吸引人们的注意。

11.1.3 广告的应用领域

平面广告在各个行业和领域都有广泛的应用，以下是一些常见的应用领域：

（1）商品营销：平面广告在产品销售中起着重要的作用，通过宣传产品的特点、价值和优势，吸引消费者的注意并促使购买行为。

（2）服务推广：各类服务提供商，如餐饮、旅游、医疗、教育等，通过平面广告宣传服务的特色和优势，提升品牌知名度和吸引客户。

（3）品牌建设：平面广告在品牌建设中起到关键的作用，通过宣传品牌的核心价值和形象，塑造品牌的独特性和认知度。

（4）活动宣传：各类活动，如展览、演出、赛事等，可以通过平面广告传达活动的信息、时间、地点等，吸引参与者和观众。

（5）公益广告：平面广告也用于公益宣传，传播社会价值观念、环保意识和社会责任等，调动公众参与社会公益事业。

（6）政府宣传：政府部门利用平面广告宣传政策、法规、社会福利等，推动社会进步，提升公众意识和参与度。

（7）教育宣传：学校、培训机构等可以利用平面广告宣传教育服务、课程、优势等，吸引学生和家长的关注和选择。

（8）慈善募捐：非营利组织可以通过平面广告宣传慈善项目、募捐活动，吸引爱心人士参与和支持。

总而言之，平面广告在商业、社会、文化和公共领域都有广泛的应用，对于宣传、推广和沟通目标受众起着重要的作用。

11.1.4 平面广告的设计思路

平面广告的设计思路需要考虑以下几个方面：

（1）目标受众：了解目标受众的特点、喜好和需求，从而确定合适的设计风格和内容。

（2）宣传目的：明确广告的主要宣传目的，例如推广产品、服务，传达品牌形象或提高品牌知名度等。

（3）核心信息：确定要传达的核心信息，确保信息简洁明了，使目标受众能够快速理解广告的内容。

（4）图像选择：选择与广告目的和受众喜好相关的图像，图像应引起目标受众的兴趣并与宣传信息相匹配。

（5）色彩运用：选择合适的色彩搭配，根据广告的宣传目的来运用颜色，以引起目标受众的情感共鸣。

（6）字体选择：选择清晰易读的字体，注意字体的大小和排版，确保文字信息的清晰传达。

（7）布局设计：设计合理的布局，使广告整体有良好的视觉层次和结构，重点突出，易于理解。

（8）品牌一致性：保持品牌的视觉一致性，使用品牌标志和标识，以增加品牌辨识度和形象记忆。

（9）创意元素：运用创意元素，例如视觉效果、图形构图或文字表达等，使广告更加吸引人和与众不同。

（10）测试和优化：在发布之前对广告进行测试和修改，以确保广告能够达到预期的宣传效果。

11.2 制作招聘广告

11.2.1 案例分析

招聘广告主要指用来公布招聘信息的广告，旨在为应聘者提供一个获得更多信息的来源。它是企业员工招聘的重要工具之一，设计的好坏直接影响到应聘者的素质和企业的竞争。

在设计思路上，主体以蓝色为广告背景，给人以安静、凉爽、舒适之感，使人心胸开朗。广告主体以"招聘"字样设计立体字效果，在丰富画面效果的同时，加深了人们的印象，达到宣传目的。文字排列简洁，既烘托出画面的氛围，又点明宣传主题，让人印象深刻。

本例将使用"3D"命令进行立体字设计；使用"快速选择工具""移动工具""钢笔工具""渐变工具"等制作出海报背景；使用"横排文字工具"添加标题和内容文字等。

11.2.2 案例设计

本案例设计流程如图 11-2 所示。

图 11-2

11.2.3 案例制作

1. 制作背景效果

（1）按 Ctrl + N 组合键，弹出"新建"对话框，将宽度选项设为"30 厘米"，高度选项设为"45 厘米"，分辨率设为"300 像素/英寸"，颜色模式设为"RGB 颜色"，背景内容设为"白色"，单击"确定"按钮，新建一个文件。

（2）使用"渐变工具"，在"渐变编辑器"中将色条左边颜色设为深蓝色 1（其 R、G、B 的值分别为 0、8、45），将色条右边颜色设为深蓝色 2（其 R、G、B 的值分别为 0、85、120）。由右上角向左下角拉动，结果如图 11-3 所示。

（3）使用"钢笔工具"，将"路径"切换为"形状"，如图 11-4 所示。在画布上方绘制图像，选择"填充"命令，"渐变填充"色条左侧颜色设为蓝色 1（其 R、G、B 的值分别为 76、222、238），右侧颜色设为浅蓝色 1（其 R、G、B 的值分别为 249、251、252），图像效果如图 11-5 所示。

图 11-3

图 11-4

图 11-5

（4）使用"钢笔工具"，将"路径"切换为"形状"，如图 11-4 所示。在画布下方绘制图像，选择"填充"命令，"渐变填充"色条左侧颜色设为蓝色 2（其 R、G、B 的值分别为 35、166、189），右侧颜色设为浅蓝色 2（其 R、G、B 的值分别为 249、251、252），渐变类型为"线性渐变"，角度为 80°，如图 11-6 所示，图像效果如图 11-7 所示。

图 11-6

图 11-7

2. 制作"招聘"立体字

（1）选择"横排文字工具"，单击画布，出现"｜"后输入"招聘"，文字设置如图 11 - 8 所示，颜色设为蓝色（其 R、G、B 的值分别为 27、198、221）。选择"招聘"图层，单击"文本创建3D"按钮，切换至"属性"面板，选择"形状预设"为"凸出"，取消勾选"投影"，凸出深度为"- 5 厘米"，将文字调整至合适角度，如图 11 - 9 所示。

（2）切换至"3D"面板，选择"环境"，颜色设为蓝色（其 R、G、B 的值分别为 0、76、145），参数如图 11 - 10 所示。

图 11 - 8

图 11 - 9

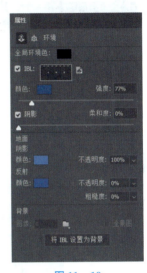
图 11 - 10

（3）选择"无限光"面板，颜色设为蓝色（其 R、G、B 的值分别为 3、219、255），具体参数如图 11 - 11 所示。"招聘"立体字效果如图 11 - 12 所示。

图 11 - 11

图 11 - 12

3. 制作其他页面文字

（1）选择"横排文字工具"，在页面上方输入"RECRUITMENT"字样，文字颜色设为深蓝色（其 R、G、B 的值分别为 0、52、86），设置文字参数，如图 11 - 13 所示。

（2）选择"横排文字工具"，在页面上方"RECRUITMENT"字样下输入"Welcome to join us Come on"，文字颜色设为蓝色（其 R、G、B 的值分别为 0、124、153），设置文字参数，如图 11 - 14 所示。整体效果如图 11 - 15 所示。

图 11-13　　　　　　　图 11-14　　　　　　　图 11-15

（3）选择"横排文字工具"，输入"【加入我们·完成你的梦想】"，字样文字颜色为黄色（其 R、G、B 的值分别为 248、240、9），设置文字参数，如图 11-16 所示。效果如图 11-17 所示。

图 11-16　　　　　　　　　　图 11-17

（4）选择"矩形工具"，绘制宽度为 8.8 厘米，高度为 5 厘米的矩形边框，无填充，描边为白色，粗细为 3 像素。

（5）选择"横排文字工具"，在矩形边框内输入"设计总监/资深设计"字样，颜色为白色，具体参数如图 11-18 所示，效果如图 11-19 所示。

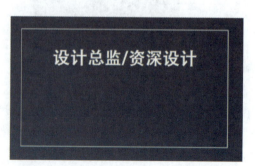

图 11-18　　　　　　　　　　图 11-19

（6）选择"横排文字工具"，在矩形边框内输入"SHE JI ZONG JIAN/MEI SHU ZHI DAO ZI SHEN SHE JI"字样，颜色为白色，具体参数如图 11-20 所示。

（7）选择"横排文字工具"，在矩形边框内输入"沟通能力强，设计能力强！"字样，颜色为白色，具体参数如图 11-21 所示，效果如图 11-22 所示。

图 11-20

图 11-21

图 11-22

（8）使用相同的方法分别制作"平面设计/插画师""平面助理/产品精修师""客服助理/运营助理"字样，如图 11-23 所示。

图 11-23

4. 其他素材导入

（1）按 Ctrl + O 组合键，打开云盘中的"Ch11\素材\制作招聘广告\join"文件，选择"移动工具"，将素材放到相应位置，效果如图 11-24 所示。

（2）按 Ctrl + O 组合键，打开云盘中的"Ch11\素材\制作招聘广告\小人"文件，选择"移动工具"，将小人放到相应位置，效果如图 11-25 所示。

（3）按 Ctrl + O 组合键，打开云盘中的"Ch11\素材\制作招聘广告\星球"文件，选择"移动工具"，将星球放到相应位置，效果如图 11-26 所示。

招聘广告海报制作完成。

图 11-24

图 11-25

图 11-26

11.3 制作粮食宣传广告

11.3.1 案例分析

制作粮食宣传广告

随着消费升级与饮食结构的变化，人们的消费观念逐渐从"吃得好"向"吃得营养、健康"进行转变。"生态、绿色、有机……"已成为中高端粮油食品的主流发展趋势。

在设计思路上，使用大米作为主要视觉冲击，并且特别突出大米为主要广告元素。在丰富画面效果的同时，加深了人们的印象，达到宣传目的。文字排版简介要突出宣传内容。

本例将使用纹理制作背景效果；使用"创建剪切蒙版"命令调整图片嵌入效果；使用"快速选择工具""移动工具"制作宣传主体；使用"横排文字工具"添加标题和内容文字；等等。

11.3.2 案例设计

本案例设计流程如图 11-27 所示。

图 11-27

11.3.3 案例制作

1. 制作背景效果

（1）按 Ctrl + N 组合键，弹出"新建"对话框，将宽度选项设为"20 厘米"，高度选项设为"30 厘米"，分辨率设为"150 像素/英寸"，颜色模式设为"RGB"，背景内容设为"白色"，单击"确定"按钮，新建一个文件，如图 11 – 28 所示。

（2）在"图层"面板中单击新建图层，使用"油漆桶工具"填充颜色（其 R、G、B 的值分别为 253、235、220）。效果如图 11 – 29 所示。

（3）将"图层 1"图层拖曳到控制面板下方的"创建新图层"按钮 上，生成复制图层。按 Ctrl + O 组合键，打开云盘中的"Ch11\素材\制作粮食宣传广告\01"。效果如图 11 – 30 所示。

图 11 – 28

图 11 – 29

图 11 – 30

2. 制作主题图片效果

（1）按 Ctrl + O 组合键，打开云盘中的"Ch11\素材\制作粮食宣传广告\02"和"Ch11\素材\制作粮食宣传广告\03"，放到相应位置。效果如图 11 – 31 和图 11 – 32 所示。

图 11 – 31

图 11 – 32

(2) 在"图层"面板中选中03素材图层,右击,选择"创建剪切蒙版",如图11-33所示。

(3) 按 Ctrl + O 组合键,打开云盘中的"Ch11\素材\制作粮食宣传广告\04"。选择"魔棒工具",抠出图像。调整大小并放到相应位置,如图11-34所示。

图11-33

图11-34

3. 制作主题文字效果

(1) 前景色设为浅棕色(其 R、G、B 的值分别为 175、98、34),选择"矩形工具",绘制一个长度为16厘米,宽度为6厘米的矩形。再将前景色设为浅灰色(其 R、G、B 的值分别为 189、188、187),绘制相同大小的矩形。

(2) 选择"橡皮擦工具",擦除多余部分图像,如图11-35所示。

(3) 按 Ctrl + O 组合键,打开云盘中的"Ch11\素材\制作粮食宣传广告\05",选中图层,单击"图层"控制面板下方的"添加图层样式"按钮 fx,在弹出的菜单中选择"投影"混合模式,选择"正片叠底",不透明度为"35%",如图11-36所示。

(4) 按 Ctrl + O 组合键,打开云盘中的"Ch11\素材\制作粮食宣传广告\06"。选择"魔棒工具",抠出图像。调整大小并放到相应位置,如图11-37所示。

图11-35

图11-36

图11-37

(5) 前景色设为浅棕色(其 R、G、B 的值分别为 175、98、34),选择"横排文字工具" T,在属性栏中设置适当的字体和文字大小,在图像窗口中输入需要的文字,字体为"等线",大小为"38点",左右间距为"180点"。单击"图层"控制面板下方的"添加图层样式"按钮 fx,在弹出的菜单中选择"投影"混合模式,选择"正片叠底",不透明度为"35%",如图11-38所示。

(6) 前景色设为浅棕色(其 R、G、B 的值分别为 175、98、34),选择"钢笔工具",绘制一条直线,如图11-39所示。

(7) 将前景色设为黑色，选择"横排文字工具" ，在属性栏中设置适当的字体和文字大小，在图像窗口中输入需要的文字，字体为"黑体"，大小为"32 点"，左右间距为"180 点"，如图 11-40 所示。

图 11-38

图 11-39

图 11-40

(8) 前景色设为浅棕色（其 R、G、B 的值分别为 175、98、34），选择"矩形工具"，绘制长度为 16 厘米、宽度为 2 厘米的矩形边框，无填充，描边为白色，粗细为 3 像素。再绘制一个长度为 4 厘米、宽度为 2 厘米的矩形，填充为浅棕色，描边为无，如图 11-41 所示。

(9) 前景色设为浅棕色（其 R、G、B 的值分别为 175、98、34），选择"横排文字工具" ，在属性栏中设置适当的字体和文字大小，在图像窗口中输入需要的文字，字体为"等线"，大小为"38 点"，左右间距为"30 点"。将"天然健康"字体颜色改为白色，如图 11-42 所示。

(10) 将前景色设置为黑色。选择"横排文字工具" ，在属性栏中设置适当的字体和文字大小，在图像窗口中输入需要的文字，字体为"黑体"，大小为"21 点"，单击"图层"控制面板下方的"添加图层样式"按钮 ，在弹出的菜单中选择"外发光""斜面和浮雕"。折扣和返现字体颜色改为红色，如图 11-43 所示。

图 11-41

图 11-42

图 11-43

4. 制作其他主题效果

(1) 前景色设为浅棕色（其 R、G、B 的值分别为 175、98、34），选择"矩形工具" ，在属性栏的"选择工具模式"选项中选择"形状"，将"半径"选项设为 100 像素，绘制圆角矩形，如图 11-44 所示。

(2) 前景色设为浅棕色（其 R、G、B 的值分别为 175、98、34），选择"横排文字工具" ，在图像窗口中输入"米/业/集/团/食/品/有/限/公/司"，字体为"黑体"，大小为"12 点"，上下间距为"45"。在图像窗口中输入需要的文字，字体为"黑体"，大小为"10 点"。按 Ctrl + O 组合键，打开云盘中的"Ch11\素材\制作粮食宣传广告\07"，调整大小，放在圆角矩形内，如图 11-45 所示。

图 11－44　　　　　　　　　　　图 11－45

（3）按 Ctrl＋O 组合键，打开云盘中的"Ch11\素材\制作粮食宣传广告\08"。选择"魔棒工具"，抠出图像。调整大小并放到相应位置，如图 11－46 所示。

（4）添加 logo，将前景色设置为黑色。选择"直排文字工具" ，在属性栏中设置适当的字体和文字大小，在图像窗口中输入需要的文字，字体为"方正粗倩简体"，大小为"12 点"，效果如图 11－47 所示。

制作粮食宣传广告完成，效果如图 11－48 所示。

图 11－46　　　　　　图 11－47　　　　　　图 11－48

拓展练习 1　制作二十四节气——立春广告

练习知识要点

拓展练习1——制作二十四节气立春广告

按 Ctrl＋O 组合键，打开云盘中的"Ch11\素材\拓展练习 1\素材"，使用"矩形选框工具"绘制矩形，填充白色。按 Ctrl＋O 组合键，打开云盘中的"Ch11\素材\拓展练习 1\背景"，导入其他素材并放到相应位置。使用"横排文字工具"为页面制作其余文字效果，如图 11－49 所示。

图 11－49

效果所在位置

云盘\Ch11\效果\拓展练习1\二十四节气–立春.psd。

拓展练习2　制作音像店耳机宣传广告

拓展练习2——制作
音像店耳机宣传广告

练习知识要点

使用"钢笔工具"绘制形状，填充红色，使用"横排文字工具"输入"MUSIC"，栅格化后，为文字创建剪贴蒙版，制作双色文字。按 Ctrl + O 组合键，打开云盘中的"Ch11\素材\拓展练习2\耳机"，将其放到相应位置。按 Ctrl + J 组合键，为"耳机"创建副本。按 Ctrl + T 组合键进行"垂直翻转"后，为耳机副本添加蒙版，制作出耳机倒影。按 Ctrl + O 组合键，打开云盘中的"Ch11\素材\拓展练习2\logo、箭头、为音而来"，导入其他素材并放到相应位置。使用"横排文字工具"制作其余文字效果。效果如图 11 – 50 所示。

图 11 – 50

效果所在位置

云盘\Ch11\效果\拓展练习2\音像店耳机产品宣传海报.psd。

项目评价

根据下表评分要求和评价准则，结合学习过程中的表现开展自我评价、系统评价、小组评价、组长评价、教师评价和企业评价等，并计算出最后得分。

评价项	评分要求	评价准则	分值	自我评价	系统评价	小组评价	组长评价	教师评价	企业评价	得分
基本素养	学习态度	上课出勤	缺勤全扣，迟到早退扣1分	4					√		
		回答问题	根据回答问题情况统计得分	3					√		
	学习能力	高效学习力	学习效率高，不拖拉	2			√				
		学习调整力	根据自身学习情况调整学习进度	2			√				
知识与技能	知识要求	知识学习	在线课程学习情况	5		√					
		知识训练	在线测试分值	5		√					
	技能要求	技能学习	完成技能思维导图	5					√		
		技能训练	快速、准确完成课内训练	5					√		
岗位素养	任务完成	按时提交	在时间点内提交	5	√						
		内容完成	根据完成情况赋分	15			√				
		作品效果	根据作品创新性、创意性、科学性赋分	20			√			√	
	身心素养	劳动层面	按工作流程完成作品	5	√						
		心理层面	调整心理状态，进行情绪管理，完成作品	5	√						
职业素养	思想素养	总结作品思想主旨	能总结出本项目的思想主旨	2			√				
		扩展作品思想主旨	能结合作品说出新的设计思路与主旨	2			√				
	道德素养	协作与沟通	根据协作情况与沟通顺畅度赋分	5				√			
		传播正能量	作品融入正能量，积极健康、乐观向上	10					√		
合计				100							

项目十二

网页设计

一个优质的网站，必定有着独特的网页设计。漂亮的网页页面更能吸引浏览者的目光。网页设计者要根据网络的特殊性，对页面进行精心设计和编排。本项目以多个类型的网页为例，讲解网页的设计方法和制作技巧。

知识目标

- 了解网页的概念。
- 了解网页的作用。
- 了解网页的分类。
- 掌握网页的设计思路和方法。
- 掌握网页的制作技巧。

能力目标

- 掌握"手机 App 登录界面"的制作方法。
- 掌握"化妆品网页 Banner"的制作方法。
- 掌握"草莓干促销网页"的制作方法。
- 掌握"枸杞详情页"的制作方法。

素质目标

- 树立正确的人生观价值观，具有传播正能量的意识。
- 树立劳动观念，提升实践能力。
- 具备团队协作与沟通协调的职业素养。

12.1 网页设计概述

网页设计是指通过使用图像、文字、多媒体和交互元素等，将内容和功能以一种有序、美观和易用的方式呈现在互联网上的过程。网页设计是一个综合性的设计学科，包括网页布局设计、色彩设计、图像处理和交互设计等方面，如图 12-1 所示。

图 12-1

12.1.1 网页的作用

（1）信息传递：网页是最常见的信息传递工具之一，可以用来发布新闻、介绍产品、展示企业信息等。

（2）品牌宣传：通过设计精美的网页，可以展示公司或品牌的形象，促进品牌的宣传和推广。

（3）交互体验：网页可以提供与用户的交互，通过表单、按钮、链接等元素实现用户与网站的互动。

（4）销售和推广：网页可以作为电子商务平台，实现产品的在线销售和推广，提高销售额和知名度。

（5）社交互动：通过网页设计，可以创建在线社交平台，让用户进行交流、分享和互动。

12.1.2 网页的分类

网页有多种分类，主要分为以下三种：

（1）静态网页：采用 HTML 和 CSS 等静态技术，内容固定，无须服务器动态生成。

（2）动态网页：通过使用服务器端脚本和数据库等技术，根据用户请求动态生成内容。

（3）响应式网页：根据用户设备的不同，自动调整页面布局和内容，以适应不同的屏幕尺寸。

静态网页是指网站的内容在服务器上预先生成，并且在用户请求页面时直接发送给用户的网页。它的内容在用户请求页面之前就已经确定，并且不会根据用户的操作或数据的变化而发生改变。

动态网页是一种通过服务器端脚本和数据库等技术生成内容的网页。与静态网页不同，动态网页的内容可以根据用户的请求、操作或数据的变化而动态生成或更新，以提供个性化的用户体验。

响应式网页是指根据用户设备的不同，自动调整网页布局和内容，以适应不同的屏幕尺寸和分辨率，提供良好的浏览和用户体验。它能够在 PC、平板电脑、手机等各种终端设备上提供一致的网页显示效果，而不需要单独为每种设备开发不同的网站版本。

12.1.3 网页设计的原则

网页的设计制作原则：

（1）简洁明了：网页设计要简洁明了，使用户能够迅速找到所需信息。

（2）色彩搭配：合理搭配色彩，使网页整体协调而又有吸引力。

（3）可读性良好：确保文字和图像在各种设备上都能清晰可读。

（4）导航易用：设计简单明了的导航栏，方便用户浏览和导航网页内容。

（5）快速加载：优化图片、脚本和样式表等，使网页加载速度快。

（6）交互友好：设计易于操作的交互元素和界面，提供良好的用户体验。

（7）响应式设计：确保网页在不同设备上都能有良好的显示效果。

12.1.4 网页设计的步骤

使用 Photoshop 设计网页可以分为以下几个步骤：

（1）确定网页主题和目标受众：首先，需要了解网页的主题和目标受众，这将有助于确定合适的配色方案、排版和元素。与客户沟通，了解他们的需求和期望，以确保设计符合他们的要求。

（2）创建新文档：在 Photoshop 中，创建一个新的文档，确保尺寸和分辨率符合网页的要求。通常，网页的分辨率应为 1 920 像素×1 080 像素或更高，以便在各种设备上具有良好的显示效果。

（3）设计网页布局：在 Photoshop 中，使用形状、线条和文本工具创建网页的基本布局。考虑网页的导航、内容区域、侧边栏、广告等元素，确保布局合理且易于导航。

（4）选择合适的字体：选择适合网页主题和目标受众的字体。字体应清晰易读，同时具有一定的独特性。可以从网络上的免费字体库中选择，如 Google Fonts。

（5）设计颜色方案：根据网页主题和目标受众，选择合适的颜色。通常一个网页的颜色方案应包含主色、辅助色和背景色。在 Photoshop 中，可以使用"颜色"面板调整颜色，或从网络上的颜色库中选择。

（6）添加图片和素材：根据网页需求，在设计中添加图片、图标和素材，确保图片分辨率足够高，以避免在放大时失真。可以在 Photoshop 中使用图层样式为图片添加效果，如阴影、发光等。

（7）设计动画和过渡效果：根据客户要求，为网页元素添加动画和过渡效果，这可以使用 Photoshop 的动画功能实现。动画可以使网页更具互动性和吸引力，但应注意不要过度使用，以免影响用户体验。

（8）切片和导出：在设计完成后，需要将网页切片，以便在网页开发过程中更容易地进行拼接。选择"切片"菜单中的"切片拼合"命令，将设计导出为 HTML 和 CSS 代码。

（9）优化和调整：在导出代码后，检查网页在各种设备和浏览器上的显示效果，确保兼容性和响应式设计。根据需要对设计进行微调，以获得最佳效果。

（10）与开发人员合作：与网页开发人员紧密合作，确保设计在实际开发过程中得以完美呈现。在项目完成后，对网页进行审查，确保所有元素符合预期。

12.2　制作手机 App 登录界面

12.2.1　案例分析

手机 App 网页登录已经成为人们日常生活中的一部分。本例为某 App 设计登录界面，具有清晰的操作流程、良好的交互细节和美观的视觉设计。

在设计思路上，整体使用白色和蓝色的渐变背景，清爽干净。设计简洁明快，布局合理清晰。学习使用不同的绘制工具绘制图形，使用图层样式添加特殊效果，并应用移动工具移动装饰图片来制作登录界面。素材的搭配大气和谐，具有清新自然的感觉。

本例将使用"矩形工具"制作背景效果；使用"矩形工具""横排文字工具""钢笔工具"等制作标志；使用"横排文字工具"和"字符"面板等制作信息文字。

12.2.2　案例设计

本案例设计流程如图 12-2 所示。

图 12-2

12.2.3　案例制作

（1）按 Ctrl + N 组合键，新建一个文件，宽度为"1 080 像素"，高度为"1 920 像素"，分辨率为"150 像素/英寸"，背景内容为白色，如图 12-3 所示。单击"创建"按钮，完成文档新建。

（2）选择云盘中的"Ch12\素材\12.1 制作手机 App 界登录面\背景"文件，单击"置入"按钮，按 Enter 键确认操作，效果如图 12-4 所示。

（3）选择矩形工具在页面中拖出一个矩形，按住 Alt 键单击左上角角标向下拖动至出现圆角，效果如图 12-5 所示。

项目十二　网页设计

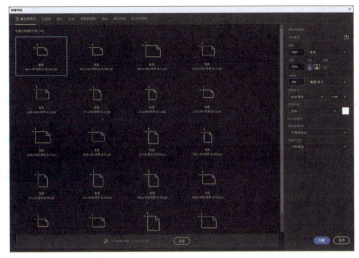

图 12-3

图 12-4　　　　　　　　图 12-5

（4）选择"矩形工具"拖出一个白色的矩形，拉出圆角，效果如图 12-6 所示。选择"钢笔工具"，在圆角矩形上方绘制出形状，如图 12-7 所示。新建一个图层，按 Ctrl + Enter 组合键调出"选取"命令，再按 Alt + Delete 组合键填充颜色。另一形状如上述相同方法操作。效果如图 12-8 所示。

（5）选择"横排文字工具"，在图形下方输入"LOGO"，将字体改为"庞门正道标题体"，字号为 85 磅，字体颜色为白色。整体要与页面垂直对齐。效果如图 12-9 所示。

图 12-6　　　　　图 12-7　　　　　图 12-8　　　　　图 12-9

207

(6) 选择"椭圆工具"绘制一个无填充的正圆,描边颜色为黑色,描边大小为 6 像素,描边选项为实线,端点为圆端点,效果如图 12-10 所示。选择"添加锚点工具"为描边左上方添加 3 个锚点,选择"直接选择工具"选中 3 个锚点中间的锚点,按 Delete 键删除锚点,效果如图 12-11 所示。选择"钢笔工具"绘制出中间的形状。效果如图 12-12 所示。

图 12-10　　　　　　　　图 12-11　　　　　　　　图 12-12

(7) 选择"横排文字工具"在页面右上角中输入"注册账号",字体为思源黑体,字号为 36 磅,字体颜色为黑色。

(8) 选择"横排文字工具"在页面分别输入"账号""密码",字体为 Adobe 黑体 Std,字号为 35 磅,字体颜色设为灰色(其 R、G、B 的值分别为 161、161、161)。

(9) 选择"横排文字工具"在页面分别输入"请输入手机号码""请输入 6-16 密码",字体为思源黑体,字号为 36 磅,字体颜色设为灰色(其 R、G、B 的值分别为 194、190、190)。

(10) 选择"横排文字工具"在页面输入"忘记密码",字体为思源黑体,字号为 36 磅,字体颜色设为灰色(其 R、G、B 的值分别为 123、122、122)。

(11) 选择"直线工具"在"请输入手机号码"的下面绘制一条直线,填充颜色设为灰色(其 R、G、B 的值分别为 194、190、190)。选择"移动工具",按住 Alt 键向下复制拖动到"请输入 6-16 密码"的下面,如图 12-13 所示。

(12) 选择"文件"→"置入嵌入对象"命令,弹出"置入嵌入的对象"对话框。选择云盘中的"Ch12\素材\12.1 制作手机 App 界登录面\素材 1"和"Ch12\素材\12.1 制作手机 App 界登录面\素材 2"文件,单击"置入"按钮,按 Enter 键确认操作,将两个素材放在页面适当位置,效果如图 12-14 所示。

图 12-13　　　　　　　　　　　　　　图 12-14

（13）选择"矩形工具"在页面绘制一个矩形，圆角拉到最大，填充颜色为 60acf9，效果如图 12 – 15 所示。使用"横排文字工具"在圆角矩形里输入"登录"，字体为"思源黑体"，字号为 46 号，字体颜色为白色，两个字与页面垂直对齐。矩形和文字设置如图 12 – 16 所示，效果如图 12 – 17 所示。

图 12 – 15　　　　　　　　　图 12 – 16

（14）选择"文件"→"置入嵌入对象"命令，弹出"置入嵌入的对象"对话框。选择云盘中的"手机 APP 登录界面\素材\素材 3"文件，单击"置入"按钮，按 Enter 键确认操作，将素材放在页面右下角的位置，效果如图 12 – 18 所示。按 Shift + Ctrl + S 组合键将文件储存为 PSD 格式。

图 12 – 17　　　　　　　　　图 12 – 18

12.3　制作化妆品网页 Banner

制作化妆品网页 Banner

12.3.1　案例分析

化妆品已经成为人们日常生活中的一部分。本例是为某化妆产品设计网页，网页的首页设计要能表现出产品优势，展现出产品的优异品质与特色功能。

在设计思路上，网页整体以展示产品为重点，素材的搭配大气和谐，具有清新自然的感觉。背景采用渐变淡绿色，清爽干净。整体设计简洁明快，布局合理清晰。

本例将使用"渐变工具"进行径向渐变，制作背景效果；使用"添加图层样式"按钮、"钢笔工具"等制作山丘装饰物；使用"横排文字工具"和"字符"面板制作信息文字。

12.3.2　案例设计

本案例设计流程如图 12 – 19 所示。

　　　新建并绘制背景　　　　　　　添加绿色装饰物

　　　添加化妆品主体　　　　　　　　最终效果

图 12－19

12.3.3　案例制作

1. 制作背景层

（1）按 Ctrl＋N 组合键，弹出"新建"对话框，将宽度选项设为"1 920 像素"，高度选项设为"642 像素"，分辨率设为"72 像素/英寸"，颜色模式设为"RGB 颜色"，背景内容设为"白色"，单击"确定"按钮，新建一个文件。单击"渐变工具"，打开渐变编辑器，双击第一个色标，设为白色（其 R、G、B 的值分别为 241、249、241），双击第二个色标，设为淡绿色（其 R、G、B 的值分别为 212、235、213），单击"径向渐变"，从页面上方斜拖渐变。效果如图 12－20 所示。

（2）新建图层并将其命名为"底框"。将前景色设为白色。选择"矩形选框工具"，宽度为 1 920 像素，高度为 120 像素。在图像底部绘制矩形，单击"渐变工具"，设置色标为白色，前后色标不透明度设置为 10%，如图 12－21 所示。

　　　　图 12－20　　　　　　　　　　　　　　图 12－21

2. 绘制山丘装饰物

（1）按 Ctrl＋Shift＋N 组合键新建图层，并将其命名为"山丘装饰物"。选择"钢笔工具"绘制路径，将"底层"填充绿色（其 R、G、B 的值分别为 192、218、171）。按 Alt 键复制一层。填充"顶层"，R、G、B 的值分别为（120、172、74），效果如图 12－22 所示。按 Ctrl＋O 组合键，打开云盘中的"Ch12\素材\12.2 制作化妆品网页 Banner\左上叶子、右下叶子"文件。选择"移动工具"，将素材拖曳到图像窗口中的适当位置并调整其大小，将其放到"山丘装饰物"图层下方，效果如图 12－23 所示。

图 12-22

图 12-23

（2）按 Ctrl+O 组合键，打开云盘中的"Ch12\素材\12.2 制作化妆品网页 Banner\圆柱"文件。选择"移动工具"，按 Alt 键复制，并适当调整其大小。效果如图 12-24 所示。按 Ctrl+O 组合键，打开云盘中的"Ch12\素材\12.2 制作化妆品网页 Banner\立方体"文件。选择"移动工具"，将素材拖曳到图像窗口中的适当位置并调整其大小。按 Ctrl+O 组合键，打开云盘中的"Ch12\素材\12.2 制作化妆品网页 Banner\带条"文件。选择"移动工具"，将素材拖曳到图像窗口中的适当位置并调整其大小，效果如图 12-25 所示。

图 12-24

图 12-25

（3）按 Ctrl+O 组合键，打开云盘中的"Ch12\素材\12.2 制作化妆品网页 Banner\化妆品绿瓶"文件。选择"移动工具"，按 Alt 键复制，并适当调整其大小。效果如图 12-26 所示。按 Ctrl+O 组合键，打开云盘中的"Ch12\素材\12.2 制作化妆品网页 Banner\化妆品粉瓶"文件。选择"移动工具"，将素材拖曳到图像窗口中的适当位置并调整其大小。按 Ctrl+O 组合键，打开云盘中的"Ch12\素材\12.2 制作化妆品网页 Banner\面霜"文件。选择"移动工具"，将素材拖曳到图像窗口中的适当位置并调整其大小。效果如图 12-27 所示。

图 12-26

图 12-27

（4）按 Ctrl+O 组合键，打开云盘中的"Ch12\素材\12.2 制作化妆品网页 Banner\叶片"文件。选择"移动工具"，将素材拖曳到图像窗口中的适当位置并调整其大小。效果如图 12-28 所示。

（5）按 Ctrl+O 组合键，打开云盘中的"Ch12\素材\12.2 制作化妆品网页 Banner\左边装饰叶"文件。选择"移动工具"，将素材拖曳到图像窗口中的适当位置并调整其大小。效果如图 12-29 所示。

（6）按 Ctrl+O 组合键，打开云盘中的"Ch12\素材\12.2 制作化妆品网页 Banner\右边装饰叶"文件。选择"移动工具",将素材拖曳到图像窗口中的适当位置并调整其大小。效果如图 12-30 所示。

图 12-28

图 12-29

图 12-30

3. 添加文字

（1）选择"横排文字工具",输入文字"春",字体设置为"方正准圆简体",字号为 220 点,填充颜色（其 R、G、B 的值分别为 94、135、16）。效果如图 12-31 所示。

（2）选择"横排文字工具",输入文字"夏",字体设置为"方正细圆简体",字号为 103 点,填充颜色（其 R、G、B 的值分别为 94、135、16）。效果如图 12-32 所示。

（3）选择"横排文字工具",输入文字"新",字体设置为"方正细圆简体",字号为 145 点。双击文字图层,弹出"图层样式"对话框,设置"渐变叠加"。在"位置"选项中分别输入 0、100 这 2 个位置点,分别设置 2 个位置点颜色的 RGB 值为 0（254、138、29）和 100（252、194、72）,单击"确定"按钮,效果如图 12-33 所示。

（4）选择"横排文字工具",输入文字"风尚",字体设置为"方正细圆简体",字号为 131 点,填充颜色（其 R、G、B 的值分别为 94、135、16）,如图 12-34 所示。

图 12-31

图 12-32

图 12-33

图 12-34

（5）按 Ctrl+O 组合键,打开云盘中的"Ch12\素材\12.2 制作化妆品网页 Banner\蝴蝶"文件。选择"移动工具",将素材拖曳到图像窗口中的适当位置并调整其大小,效果如图 12-35 所示。按 Ctrl+O 组合键,打开云盘中的"Ch12\素材\12.2 制作化妆品网页 Banner\落叶"文件。选择"移动工具",将素材拖曳到图像窗口中的适当位置并调整其大小,效果如图 12-36 所示。

图 12-35

图 12-36

（6）选择"横排文字工具"，输入文字，字体设置为"方正黑体简体"，字号为39点，填充颜色（其R、G、B的值分别为94、135、16），效果如图12-37所示。

（7）选择"圆角矩形工具"，在属性栏中将"半径"选项设置为15像素，在图像窗口中适当位置绘制圆角矩形，填充颜色（其R、G、B的值分别为94、135、16）。效果如图12-38所示。

图12-37

图12-38

（8）选择"横排文字工具"，输入文字"春季护肤"，字体设置为"微软雅黑"，字号为28点，填充颜色（其R、G、B的值分别为255、255、255）。将其放到"圆角矩形"上方，最终效果如图12-39所示。

图12-39

（9）按Shift+Ctrl+S组合键调出"存储为"界面，将源文件存储为PSD格式。化妆品网页Banner制作完成。

拓展练习1　制作草莓干促销网页

拓展练习1——
制作草莓干促销网页

练习知识要点

使用"横排文字工具"和"矩形工具"制作白色矩形及内容文字；使用"钢笔工具""椭圆工具"，制作背景广告区域和小图标；使用"直线工具"在背景上绘制线条，使画面更有层次感，最后将素材导入，放在页面中合适的位置，效果如图12-40所示。

图12-40

效果所在位置

云盘\Ch12\效果\拓展练习1\制作草莓干促销网页.psd。

拓展练习2　制作枸杞详情页

练习知识要点

使用"直排文字工具""钢笔工具"在页面进行绘制；使用"渐变叠加"命令为图形添加效果；使用"剪贴蒙版"命令为图片添加蒙版；使用"横排文字工具"输入文字。效果如图12-41所示。

拓展练习2——
制作枸杞详情页一
和详情页二

效果所在位置

云盘\Ch12\效果\拓展练习2\制作枸杞详情页1、制作枸杞详情页2。

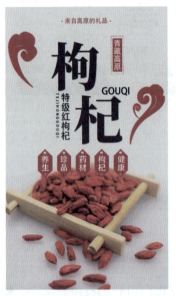

图12-41

项目评价

根据下表评分要求和评价准则，结合学习过程中的表现开展自我评价、系统评价、小组评价、组长评价、教师评价和企业评价等，并计算出最后得分。

评价项		评分要求	评价准则	分值	自我评价	系统评价	小组评价	组长评价	教师评价	企业评价	得分
基本素养	学习态度	上课出勤	缺勤全扣，迟到早退扣1分	4					√		
		回答问题	根据回答问题情况统计得分	3					√		
	学习能力	高效学习力	学习效率高，不拖拉	2			√				
		学习调整力	根据自身学习情况调整学习进度	2			√				
知识与技能	知识要求	知识学习	在线课程学习情况	5		√					
		知识训练	在线测试分值	5		√					
	技能要求	技能学习	完成技能思维导图	5					√		
		技能训练	快速、准确完成课内训练	5					√		
岗位素养	任务完成	按时提交	在时间点内提交	5	√						
		内容完成	根据完成情况赋分	15			√				
		作品效果	根据作品创新性、创意性、科学性赋分	20			√			√	
	身心素养	劳动层面	按工作流程完成作品	5	√						
		心理层面	调整心理状态，进行情绪管理，完成作品	5	√						
职业素养	思想素养	总结作品思想主旨	能总结出本项目的思想主旨	2			√				
		扩展作品思想主旨	能结合作品说出新的设计思路与主旨	2			√				
	道德素养	协作与沟通	根据协作情况与沟通顺畅度赋分	5				√			
		传播正能量	作品融入正能量，积极健康、乐观向上	10					√		
合计				100							

附录一

Photoshop工具栏的使用

一、Photoshop 简介

Adobe 公司出品的 Photoshop 是目前使用最广泛的图像处理软件，常用于广告、艺术、平面设计等创作，也广泛用于网页设计和三维效果图的后期处理。对于业余图像爱好者，也可将自己的照片扫描到计算机，做出精美的效果。总之，Photoshop 是一个功能强大、用途广泛的软件，总能做出摄人心魄的作品。

二、认识工具栏

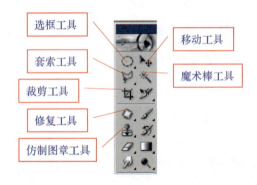

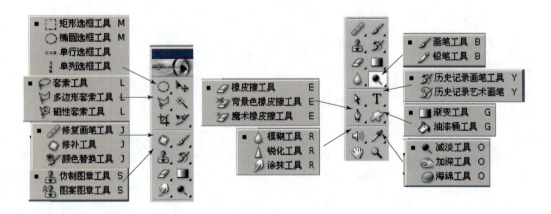

1. 画笔工具

画笔工具以前景色进行绘画。

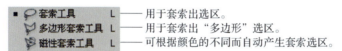——画笔工具以前景色以基础，绘制画笔状的线条。
——铅笔工具创建硬边手画线。

注：
①"流量"指定画笔工具应用油彩的速度，相当于画笔的出水量。
②要绘制直线，则在图像中单击确定起点，然后按住 Shift 键并单击确定终点。
③自定义画笔：单击"编辑"→"定义画笔"。

2. 历史记录画笔工具

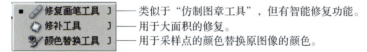——用于恢复图像之前某一步的状态。
——利用所选状态或快照，模拟不同绘画风格的画笔来绘画。

3. 套索工具

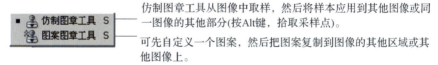——用于套索出选区。
——用于套索出"多边形"选区。
——可根据颜色的不同而自动产生套索选区。

4. 魔术棒工具

——根据颜色相似原理，选择颜色相近的区域。

5. 修复工具

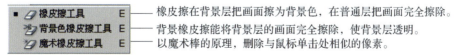——类似于"仿制图章工具"，但有智能修复功能。
——用于大面积的修复。
——用于采样点的颜色替换原图像的颜色。

6. 图章工具

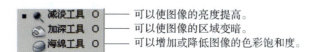

仿制图章工具从图像中取样，然后将样本应用到其他图像或同一图像的其他部分(按Alt键，拾取采样点)。

可先自定义一个图案，然后把图案复制到图像的其他区域或其他图像上。

7. 填充工具

——用渐变色来填充选区或图像。
——用前景色填充着色相近的区域。

8. 橡皮擦工具

——橡皮擦在背景层把画面擦为背景色，在普通层把画面完全擦除。
——背景橡皮擦能将背景层的画面完全擦除，使背景层透明。
——以魔术棒的原理，删除与鼠标单击处相似的像素。

9. 色调工具

——可以使图像的亮度提高。
——可以使图像的区域变暗。
——可以增加或降低图像的色彩饱和度。

10. 聚焦工具

模糊工具 R —— 对图像内的硬边进行模糊处理。
锐化工具 R —— 锐化图像内的柔边。
涂抹工具 R —— 可模拟在湿颜料中拖移手指的动作，产生涂抹效果。

附录二

Photoshop快捷键大全

文件		复制	Ctrl + C
功能	快捷键	合并复制	Ctrl + Shift + C
新建	Ctrl + N	粘贴	Ctrl + V
打开	Ctrl + O	原位粘贴	Ctrl + Shift + V
打开为	Alt + Ctrl + O	自由变换	Ctrl + T
关闭	Ctrl + W	再次变换	Ctrl + Shift + T
关闭全部	Ctrl + Alt + W	色彩设置	Ctrl + Shift + K
存储	Ctrl + S	"首选项"对话框	Ctrl + K
存储为	Shift + Ctrl + S	预先调整管理器	Alt + E,放开后按 M
存储为网页格式	Ctrl + Alt + S	从历史记录中填充	Alt + Ctrl + BackSpace
页面设置	Ctrl + Alt + P	"填充"对话框	Shift + BackSpace
打印	Ctrl + P	用前景色填充	Alt + BackSpace
退出	Ctrl + Q	用背景色填充	Ctrl + BackSpace
打印一份	Ctrl + Shift + Alt + P	删除选框中的对象	Delete
文件简介	Ctrl + Shift + Alt + I	取消变形	Esc
恢复	F12	图像	
编辑		功能	快捷键
功能	快捷键	色阶	Ctrl + L
撤销	Ctrl + Z	自动色阶	Ctrl + Shift + L
向前一步	Ctrl + Shift + Z	自动对比度	Ctrl + Shift + Alt + L
向后一步	Ctrl + Alt + Z	曲线	Ctrl + M
退去	Ctrl + Shift + F	色彩平衡	Ctrl + B
剪切	Ctrl + X	色相/饱和度	Ctrl + U

图像		正常	Shift + Alt + N
功能	快捷键	溶解	Shift + Alt + I
去色	Ctrl + Shift + U	正片叠底	Shift + Alt + M
反向	Ctrl + I	滤色	Shift + Alt + S
抽取	Ctrl + Alt + X	叠加	Shift + Alt + O
液化	Ctrl + Shift + X	从对话框创建剪切的图层	Ctrl + Shift + Alt + J
图层		退去上次所做滤镜	Ctrl + Shift + F
功能	快捷键	颜色减淡	Shift + Alt + D
新建图层	Ctrl + Shift + N	颜色加深	Shift + Alt + B
建立默认的新图层	Ctrl + Alt + Shift + N	变暗	Shift + Alt + K
复制新建图层	Ctrl + J	变亮	Shift + Alt + G
与前一图层编组	Ctrl + G	差值	Shift + Alt + E
合并图层	Ctrl + E	排除	Shift + Alt + X
合并可见图层	Ctrl + Shift + E	色相	Shift + Alt + U
通过对话框复制新图层	Ctrl + Alt + J	饱和度	Shift + Alt + T
强光	Shift + Alt + H	颜色	Shift + Alt + C
通过剪切新建图层	Ctrl + Shift + J	光度	Shift + Alt + Y
柔光	Shift + Alt + F	选择	
取消编组	Ctrl + Shift + G	功能	快捷键
将当前层下移一层	Ctrl + [	全选	Ctrl + A
将当前层上移一层	Ctrl +]	取消选择	Ctrl + D
将图层移到最下面	Ctrl + Shift + [	重新选择	Ctrl + Shift + D
将图层移到最上面	Ctrl + Shift +]	反选	Ctrl + Shift + I
激活下一个图层	Alt + [	羽化	Ctrl + Alt + D
激活上一个图层	Alt +]	载入选区	Ctrl + 图层缩略图
激活底部图层	Shift + Alt + [	滤镜	
激活顶部图层	Shift + Alt +]	功能	快捷键
盖印	Ctrl + Alt + E	上次滤镜操作	Ctrl + F
盖印可见图层	Ctrl + Alt + Shift + E	"信息"面板	F8
循环选择混合模式	Shift +- 或 Shift ++	重复上次所做滤镜	Ctrl + Alt + F

续表

视图操作		魔棒工具	W
功能	快捷键	喷枪工具	J
校验颜色	Ctrl + Y	画笔工具	B
色域警告	Ctrl + Shift + Y	橡皮图章、图案图章工具	S
放大	Ctrl + +	历史记录画笔工具	Y
缩小	Ctrl + -	橡皮擦工具	E
满画布显示	Ctrl + 0	铅笔、直线工具	N
实际像素	Ctrl + Alt + 0	模糊、锐化、涂抹工具	R
显示附加	Ctrl + H	减淡、加深、海绵工具	O
显示网格	Ctrl + Alt + '	钢笔工具	P
显示标尺	Ctrl + R	度量工具	U
启用对齐	Ctrl + ;	渐变工具	G
锁定参考线	Ctrl + Alt + ;	油漆桶工具	K
选择彩色通道	Ctrl + ~	吸管、颜色取样器工具	I
选择单色通道	Ctrl + 数字	抓手工具	H
选择快速蒙版	Ctrl + \	缩放工具	Z
以 CMYK 方式预览	Ctrl + Y	默认前景色背景色	D
显示/隐藏路径	Ctrl + Shift + H	切换前景色背景色	X
"颜色"面板	F6	切换标准模式	Q
"图层"面板	F7	切换标准屏幕模式	F
文字工具	T	临时使用移动工具	Ctrl
"动作"面板	F9	临时使用吸色工具	Alt
工具箱		临时使用抓手工具	空格
功能	快捷键	循环选择画笔	[或]
矩形、椭圆选框工具	M	选择第一个画笔	Shift + [
裁剪工具	C	选择最后一个画笔	Shift +]
移动工具	V	删除锚点工具	Delete
套索工具	L		

附录二　Photoshop 快捷键大全

221

附录三

图层样式是"活"的

图层样式是 PS 中一个用于制作各种效果的强大功能，利用图层样式功能，可以简单、快捷地制作出各种立体投影、各种质感及光景效果的图像特效。与不用图层样式的传统操作方法相比较，图层样式具有速度更快、效果更精确、更强的可编辑性等无法比拟的优势。

一、图层样式的作用

图层样式被广泛地应用于各种效果制作当中，其主要体现在以下几个方面：

（1）通过不同的图层样式选项设置，可以很容易地模拟出各种效果。这些效果利用传统的制作方法会难以实现，或者根本不能制作出来。

（2）图层样式可以被应用于各种普通的、矢量的和特殊属性的图层上，几乎不受图层类别的限制。

（3）图层样式具有极强的可编辑性，当图层中应用了图层样式后，会随文件一起保存，可以随时进行参数选项的修改。

（4）图层样式的选项非常丰富，通过不同选项及参数的搭配，可以创作出变化多样的图像效果。

（5）图层样式可以在图层间进行复制、移动，也可以存储成独立的文件，将工作效率最大化。

当然，图层样式的操作同样需要读者在应用过程中注意观察，积累经验，这样才能准确、迅速地判断出所要进行的具体操作和选项设置。

二、图层样式的种类

（1）投影：在图层上的对象、文本或形状后面添加阴影效果。投影参数由"混合模式""不透明度""角度""距离""扩展"和"大小"等各种选项组成，通过对这些选项的设置，可以得到需要的效果。

（2）内阴影：将在对象、文本或形状的内边缘添加阴影，让图层产生一种凹陷外观。内阴影效果对文本对象效果更佳。

（3）外发光：将从图层对象、文本或形状的边缘向外添加发光效果。设置参数可以让对象、文本或形状更精美。

（4）内发光：将从图层对象、文本或形状的边缘向内添加发光效果。

（5）斜面和浮雕："样式"下拉菜单将为图层添加高亮显示和阴影的各种组合效果。"斜面和浮雕"对话框中的样式参数：

①外斜面：沿对象、文本或形状的外边缘创建三维斜面。

②内斜面：沿对象、文本或形状的内边缘创建三维斜面。

③浮雕效果：创建外斜面和内斜面的组合效果。

④枕状浮雕：创建内斜面的反相效果，其中，对象、文本或形状看起来下沉。

⑤描边浮雕：只适用于描边对象，即在应用描边浮雕效果时才打开描边效果。

（6）光泽：将对图层对象内部应用阴影，与对象的形状互相作用，通常创建规则波浪形状，产生光滑的磨光及金属效果。

（7）颜色叠加：将在图层对象上叠加一种颜色，即用一层纯色填充到应用样式的对象上。单击"设置叠加颜色"选项，在"选取叠加颜色"对话框中可以选择任意颜色。

（8）渐变叠加：将在图层对象上叠加一种渐变颜色，即用一层渐变颜色填充到应用样式的对象上。通过"渐变编辑器"还可以选择使用其他的渐变颜色。

（9）图案叠加：将在图层对象上叠加图案，即用一致的重复图案填充对象。从"图案拾色器"中还可以选择其他的图案。

（10）描边：使用颜色、渐变颜色或图案描绘当前图层上的对象、文本或形状的轮廓，对于边缘清晰的形状（如文本），这种效果尤其有用。

三、图层样式参数介绍

（1）混合模式：不同混合模式选项。

（2）色彩样本：有助于修改阴影、发光和斜面等颜色。

（3）不透明度：减小其值将产生透明效果（0 = 透明，100 = 不透明）。

（4）角度：控制光源的方向。

（5）使用全局光：可以修改对象的阴影、发光和斜面角度。

（6）距离：确定对象和效果之间的距离。

（7）扩展/内缩："扩展"主要用于"投影"和"外发光"样式，从对象的边缘向外扩展效果；"内缩"常用于"内阴影"和"内发光"样式，从对象的边缘向内收缩效果。

（8）大小：确定效果影响的程度，以及从对象的边缘收缩的程度。

（9）消除锯齿：打开此复选框时，将柔化图层对象的边缘。

（10）深度：此选项是应用浮雕或斜面的边缘深浅度。

四、应用图层样式

1. 应用图层样式的方法

（1）选中要添加样式的图层。

（2）单击图层调板上的"添加图层样式"按钮。

(3) 从列表中选择图层样式，然后根据需要修改参数。如果需要，可以将修改保存为预设，以便日后需要时使用。

2. 应用图层样式的技巧

图层样式是"活"的，图层样式可以被从一个图层复制到另一个图层或更多的图层，它也可以保存起来，在以后绘制的时候直接套用。如果不满意图层样式的效果，还可以随时修改各项参数。在画面中有多个按钮或者文本需要修饰甚至多个文档需要保持按钮样式一致的情况下，图层样式尤其有用。

在 Photoshop 的图层样式中，虽然有着名为"投影""阴影""内发光""外发光"这样的样式，但"投影"样式并不局限于塑造一种投影效果，"内发光"样式也不仅仅表现内发光的效果（为避免混淆，"样式"一词单指 Photoshop 中的图层样式名称，"效果"一词仅仅指我们看到的实际效果），这也就是"非常规"的意义所在。但非常规并不是要故意标新立异，而是使 Photoshop 这个工具更加灵活好用。

参 考 文 献

[1] 周建国. Photoshop CS6 平面设计应用教程［M］. 北京：人民邮电出版社，2020.
[2] 李涛. Photoshop CC 2015 中文版案例教程［M］. 北京：高等教育出版社，2022.
[3] 牟春花. Photoshop CS6 从新手到高手［M］. 北京：人民邮电出版社，2018.
[4] 魏哲. 边做边学 Photoshop CS5［M］. 北京：人民邮电出版社，2017.
[5] 赵军. Photoshop 数字影像处理［M］. 北京：北京理工大学出版社，2019.
[6] 黄瑞芬. Photoshop CS6 平面设计案例教程［M］. 镇江：江苏大学出版社，2017.
[7] 吕琼. Photoshop CC 实用案例教程［M］. 北京：机械工业出版社，2020.
[8] 崔英敏. Photoshop CS6 实例教程［M］. 北京：人民邮电出版社，2015.
[9] 周建国. Photoshop CC 实例教程［M］. 北京：人民邮电出版社，2021.
[10] 雷波. Photoshop CS4 中文版标准教程［M］. 北京：高等教育出版社，2013.